MANUAL DE PRÁTICAS E ESTUDOS DIRIGIDOS

QUÍMICA, BIOQUÍMICA E BIOLOGIA MOLECULAR

Blucher

COORDENAÇÃO
Yara M. Michelacci
Maria Luiza Vilela Oliva

MANUAL DE PRÁTICAS E ESTUDOS DIRIGIDOS

QUÍMICA, BIOQUÍMICA E BIOLOGIA MOLECULAR

AUTORES
Anita Hilda Straus Takahashi
Aparecida Sadae Tanaka
Guacyara da Motta
José Olavo de Freitas Junior
Maria Luiza Vilela Oliva
Mariana da Silva Araújo
Yara M. Michelacci

Manual de práticas e estudos dirigidos:
Química, Bioquímica e Biologia Molecular
© 2014 Anita Hilda Straus Takahashi
Aparecida Sadae Tanaka
Guacyara da Motta
José Olavo de Freitas Junior
Maria Luiza Vilela Oliva
Mariana da Silva Araújo
Yara M. Michelacci

Editora Edgard Blücher Ltda.

Blucher

Rua Pedroso Alvarenga, 1245, 4º andar
04531-012 – São Paulo – SP – Brasil
Tel 55 11 3078-5366
contato@blucher.com.br
www.blucher.com.br

Segundo Novo Acordo Ortográfico, conforme 5. ed. do
Vocabulário Ortográfico da Língua Portuguesa,
Academia Brasileira de Letras, março de 2009.

FICHA CATALOGRÁFICA

Manual de práticas e estudos dirigidos: química,
bioquímica e biologia molecular / coordenação,
Yara M. Michelacci e Maria Luiza Vilela Oliva. - -
São Paulo: Blucher, 2014.

Vários autores

ISBN 978-85-212-0784-9

1. Química 2. Bioquímica 3. Biologia molecular
I. Título II. Michelacci, Yara M. III. Oliva, Maria
Luiza Vilela

14-0074   CDD 540

Índice para catálogo sistemático:
1. Química

OS AUTORES

Anita Hilda Straus Takahashi
Professora Associada Livre-docente, Disciplina de Biologia Molecular, Departamento de Bioquímica, Escola Paulista de Medicina, Unifesp. Graduada em Ciências Biomédicas pela Escola Paulista de Medicina, com Mestrado e Doutorado em Ciências Biológicas (Biologia Molecular) pela Unifesp (orientadora Profa. Dra. Helena B. Nader), Pós-doutorado no Fred Hutchinson Cancer Reseach Center, Seattle, WA, USA, e Livre-docência pela Unifesp.

Aparecida Sadae Tanaka
Professora Associada Livre-docente, Disciplina de Bioquímica, Departamento de Bioquímica, Escola Paulista de Medicina, Unifesp. Graduada em Química pela Unesp, com Mestrado e Doutorado em Ciências Biológicas (Biologia Molecular) pela Unifesp (orientador Prof. Dr. Claudio A. M. Sampaio), Pós-doutorado no Ludwig-Maximilians-U-niversität München, Alemanha, e Livre-docência pela Unifesp.

Guacyara da Motta
Professora Associada, Disciplina de Bioquímica, Departamento de Bioquímica, Escola Paulista de Medicina, Unifesp. Graduada em Ciências Biomédicas pela Escola Paulista de Medicina, com Mestrado e Doutorado em Ciências Biológicas (Biologia Molecular) pela Unifesp (orientadores Profa. Dra. Misako U. Sampaio e Prof. Dr. Claudio A. M. Sampaio), Pós-doutorado na Universidade de Michigan, Ann-Arbor, MI, USA, e estágio no Ludwig-Maximilians-Universität München, Alemanha.

José Olavo de Freitas Junior
Professor Afiliado (aposentado), Disciplina de Bioquímica, Departamento de Bioquímica, Escola Paulista de Medicina, Unifesp. Graduado em Ciências Biomédicas pela Escola Paulista de Medicina e em Direito pela USP, com Mestrado e Doutorado em Ciências Biológicas (Biologia Molecular) pela Unifesp (orientador Prof. Dr. Jorge A. Guimarães).

Maria Luiza Vilela Oliva
Professora Associada Livre-docente, Disciplina de Bioquímica, Departamento de Bioquímica, Escola Paulista de Medicina, Unifesp. Graduada em Química – Licenciatura e Bacharelado – pelas Faculdades Oswaldo Cruz, com Mestrado e Doutorado em Ciências Biológicas (Biologia Molecular) pela Unifesp (orientador Prof. Dr. Claudio A. M. Sampaio), Pós-doutorado no Ludwig-Maximilians-Universität München, Alemanha, e Livre-docência pela Unifesp.

Mariana da Silva Araújo
Professora Associada, Disciplina de Bioquímica, Departamento de Bioquímica, Escola Paulista de Medicina, Unifesp. Graduada em Química – Licenciatura e Bacharelado com Atribuições Tecnológicas – pela USP, com Doutorado em Bioquímica pelo Instituto de Química da USP (orientador Prof. Dr. Giuseppe Cilento), e Pós-doutorado na Sapporo Medical University, Japão.

Yara M. Michelacci
Professora Associada Livre-docente, Disciplina de Biologia Molecular, Departamento de Bioquímica, Escola Paulista de Medicina, Unifesp. Graduada em Ciências Biomédicas pela Escola Paulista de Medicina e Licenciada em Ciências Biológicas pela USP, com Doutorado em Ciências Biológicas (Biologia Molecular) pela Escola Paulista de Medicina (orientador Prof. Dr. Carl P. Dietrich), Pós-doutorado no Baylor College of Medicine, Houston, TX, USA, e Livre-docência pela Unifesp.

AGRADECIMENTOS

Sem a participação e a colaboração, direta ou indireta, de muitas pessoas, este projeto não teria sido possível. Em primeiro lugar, queremos agradecer ao Departamento de Bioquímica, que sempre dedicou muita atenção ao ensino de graduação na Escola Paulista de Medicina, e que é, em última análise, o responsável por esta publicação. Portanto, antes de mais nada, queremos deixar aqui registrado nosso profundo agradecimento ao Conselho do Departamento e a cada um dos autores, que aceitaram a ideia e, com entusiasmo, prepararam os capítulos, compartilharam seus pensamentos e conhecimentos e fizeram recomendações para o aprimoramento desta obra. A todos somos muito gratas, pelo trabalho bem feito.

Os autores receberam a contribuição de outros docentes e pós-graduandos na preparação de seus textos. Para não correr o risco de, inadvertidamente, omitir alguém, decidimos não agradecer nominalmente a essas pessoas, mas deixamos aqui expressa nossa mais sincera gratidão a todos aqueles que despretensiosa e desprendidamente contribuíram com seu tempo e seus conhecimentos. Agradecemos também a todos os Mestres que nos antecederam e a quem devemos nossa formação. A eles, que iluminaram nosso caminho e, por seu exemplo, nos ensinaram a percorrer a estrada do conhecimento científico; a eles, que foram e sempre serão nossa fonte de inspiração, nosso profundo agradecimento.

Não poderíamos deixar de agradecer à Editora Blucher que, na pessoa de seu sócio-diretor Dr. Edgard Blücher, imediatamente acolheu o projeto deste livro e aceitou publicar, mesmo antes de ver, o *Manual de práticas e estudos dirigidos* do Departamento de Bioquímica da Escola Paulista de Medicina, Unifesp. A todos, somos imensamente gratas.

Yara M. Michelacci
Maria Luiza Vilela Oliva

CONTEÚDO

AULAS PRÁTICAS: QUÍMICA ORGÂNICA (QO), 49

AULAS PRÁTICAS: BIOQUÍMICA – RODÍZIO (BQR), 109

INTRODUÇÃO

Este *Manual de práticas e estudos dirigidos: Química, Bioquímica e Biologia Molecular* foi elaborado por alguns docentes do Departamento de Bioquímica da Escola Paulista de Medicina da Universidade Federal de São Paulo, Unifesp. Inclui práticas laboratoriais, além de "Estudos dirigidos" e "Casos bioquímicos", que são utilizados em aulas práticas e em discussões das várias disciplinas ministradas pelo Departamento, nos cursos de graduação do Campus São Paulo da Unifesp.

Decidimos publicar este livro porque acreditamos que este conteúdo também possa ser útil em cursos práticos e teóricos de outras instituições.

O curso prático do Departamento de Bioquímica tem por objetivo introduzir alguns dos procedimentos experimentais mais usados em Química Geral e Analítica, Química Orgânica, Bioquímica e Biologia Molecular. Também objetiva permitir ao estudante familiarizar-se com alguns tipos de equipamentos comumente usados em pesquisa.

A pesquisa científica é, quase sempre, colaborativa. Pouquíssimos trabalhos são assinados por um único autor. A imensa maioria dos trabalhos científicos tem vários autores, cada um contribuindo com um aspecto do projeto. Também neste curso, os experimentos são planejados para serem realizados por grupos de estudantes.

Parte do curso será realizada em laboratórios de aulas práticas, para todos os grupos simultaneamente. Outra parte será realizada em laboratórios de pesquisa dos docentes participantes, sendo cada aula ministrada para grupos pequenos de estudantes, que realizarão os experimentos em sistema de "rodízio".

Antes de cada aula laboratorial, é **indispensável** que todos os estudantes leiam o *Manual de práticas e estudos dirigidos*, no qual são apresentadas, resumidamente, as bases teóricas e os procedimentos a serem realizados. Essa leitura também é essencial para que o estudante consiga fazer o relatório e responder as questões que são formuladas em cada aula. Quanto maior for a dedicação às aulas práticas e às discussões, maior será o aprendizado e o aproveitamento.

A pesquisa científica tem por objetivo explorar o desconhecido. Nas aulas práticas, muitas vezes a resposta é conhecida, isto é, o experimento já foi realizado anteriormente e já se sabe qual o resultado ou a resposta. Na pesquisa, entretanto, raramente se conhece *a priori* a resposta, e ela é obtida a partir dos resultados dos experimentos. Portanto, o pesquisador deve se acostumar a certo grau de incerteza quanto à "resposta certa", e deve manter a mente aberta para aceitar resultados que, eventualmente, podem contradizer a hipótese inicial. O trabalho do estudante em um curso prático é considerar **os dados** obtidos nos experimentos, e tentar interpretá-los. Nesse contexto, a resposta "errada" é aquela que não está de acordo com os dados experimentais. A "fraude científica", situação na qual uma pessoa intencionalmente apresenta dados falsos, é considerada falta grave, porque leva a conclusões falsas. Isso tem forçado alguns pesquisadores a publicarem retratações, afirmando que os dados publicados por eles anteriormente, neste ou naquele artigo, resultaram de artefatos e não estavam corretos.

Outro aspecto ético importante que deve ser considerado diz respeito à citação correta das fontes de informação. É importante citar com precisão os livros e os artigos consultados e as figuras utilizadas. Se alguém não fizer isso, estará se apropriando indevidamente de dados e informações de outros autores.

SEGURANÇA NO LABORATÓRIO

Mariana da Silva Araújo

Todo aluno deve comparecer à aula prática com uma boa noção da teoria correspondente, e seguir as normas de segurança.

Segurança é assunto de máxima importância. Um fato que deve ser sempre lembrado é que "**A SEGURANÇA DE TODOS DEPENDE DE CADA UM**". Possíveis acidentes poderão ser evitados se forem observados certos cuidados básicos.

UNIFORME

- Usar sapatos (ou tênis) fechados, calças compridas e um **avental**, de preferência, de algodão.
- Caso tenha cabelos longos, mantê-los presos durante a realização dos experimentos.
- Usar sempre **óculos** de proteção.

CONDUTA GERAL

- Trabalhar no laboratório somente quando o professor (ou o instrutor) estiver presente.
- Seguir **rigorosamente** as instruções dadas pelo professor.
- Não colocar sobre a bancada de laboratório bolsas, agasalhos ou qualquer material estranho ao trabalho que estiver realizando.
- Saber a localização e como utilizar o chuveiro de emergência, lavadores de olhos e extintores de incêndio.
- Não brincar, fumar, beber nem comer no laboratório.
- Manter limpos e em ordem o material, a bancada, o armário e os equipamentos.
- Estar atento ao experimento que está sendo executado.
- Trabalhar em silêncio.
- Ao se retirar do laboratório, verificar se não há torneiras (água ou gás) abertas, e desligar todos os aparelhos.
- Após ter trabalhado no laboratório, lavar muito bem as mãos antes de ingerir qualquer alimento.

CUIDADOS AO MANUSEAR REAGENTES QUÍMICOS

- Encarar todos os produtos químicos como venenos em potencial, enquanto não verificar sua inocuidade.
- Antes de usar qualquer reagente, ler cuidadosamente o rótulo do frasco para ter certeza de que aquele é o reagente desejado.
- Usar em cada experiência a quantidade de reagentes indicada.
- Evitar contato de qualquer substância com a pele.
- Todas as experiências que envolvam a liberação de gases e/ou vapores tóxicos devem ser realizadas em local designado pelo professor.

- Abrir frascos o mais longe possível do rosto e evitar aspirar ar naquele exato momento.
- Utilizar proteção para pipetar líquidos cáusticos ou tóxicos.
- Ao preparar soluções aquosas diluídas de um ácido, colocar o ácido concentrado na água; nunca o contrário.
- Nunca recolocar no frasco uma droga retirada em excesso e não utilizada. Ela pode ter sido contaminada.
- Nunca testar um produto químico pelo sabor.
- Não é aconselhável testar um produto químico pelo odor; porém, caso seja necessário, não colocar o frasco sob o nariz. Deslocar com a mão, para a direção do nariz, os vapores que se desprendam do frasco.
- Limpar o lado de fora dos frascos de reagentes quando derramar as soluções.
- Se algum produto químico for derramado, lavar o local imediatamente.
- Consultar o professor antes de fazer qualquer modificação no andamento da experiência e na quantidade de reagentes a serem usados.
- Evitar a contaminação das soluções dos reagentes.

MANUSEIO DO MATERIAL DO LABORATÓRIO

- Não trabalhar com equipamento defeituoso.
- Verificar se as conexões e ligações estão seguras antes de iniciar uma reação química.
- Lubrificar tubos de vidro, termômetros etc., antes de inseri-los em rolhas e proteger sempre as mãos com um pano.
- Nunca deixar frascos contendo solventes inflamáveis (acetona, álcool e éter, por exemplo) expostos ao calor.
- Não aquecer líquidos inflamáveis em chama direta.
- Nunca jogar água sobre solventes inflamados; usar extintor de incêndio ou abafar com um pano.
- Dedicar especial atenção a qualquer operação que necessite aquecimento prolongado ou que libere grande quantidade de energia.
- Cuidado ao aquecer vidro em chama: o vidro quente tem exatamente a mesma aparência do frio.
- Apagar sempre os bicos de gás que não estiverem em uso.
- Quando usar um aparelho pela primeira vez, ler antes o manual ou seguir as instruções do professor.

RESÍDUOS

- Não jogar qualquer material sólido ou resíduo de solventes dentro da pia ou nos ralos. Colocá-los em recipientes apropriados.
- Após jogar qualquer solução na pia, abrir a torneira e deixar correr bastante água.
- Não jogar vidro quebrado no lixo comum.

ACIDENTES

- Em caso de acidente, avisar imediatamente o professor, **mesmo que não haja** danos pessoais ou materiais. Caindo produto químico nos olhos, boca ou pele, lavar abundantemente com água. A seguir, procurar o tratamento específico para cada caso.

OUTRAS OBSERVAÇÕES IMPORTANTES

- Sempre que necessário, trabalhar na capela.
- Cuidar de todo o material do laboratório.
- Lavar os materiais utilizados.
- Evitar desperdícios, usando somente as quantidades de reagentes necessários, pois estes são importados, caros e difíceis de adquirir.
- Ser cuidadoso com os equipamentos do laboratório.

CADERNO DE LABORATÓRIO

Yara M. Michelacci

Todos os estudantes deverão ter um **caderno de laboratório**, que será usado para registrar todos os dados obtidos e os cálculos. O caderno servirá de base para a elaboração do Relatório.

O objetivo do caderno de laboratório é permitir a qualquer pessoa com algum conhecimento da área entender **perfeitamente** o que foi realizado. O estudante deve anotar as informações com detalhamento suficiente para que seja possível repetir os experimentos e entender os resultados obtidos. Além disso, o estudante poderá identificar possíveis erros que tenha cometido ao longo do processo, erros estes talvez responsáveis por resultados inesperados e de difícil interpretação.

No caderno de laboratório, cada experimento deve começar com o **título**, a **data** e o **objetivo** do trabalho planejado. Em seguida, o que foi feito em cada etapa deve ser registrado com exatidão (especialmente o que for diferente do previsto no *Manual de práticas*). O estudante deve anotar todas as informações numéricas, como peso e volume dos reagentes, leituras de absorbância, cálculo de concentrações, tampões utilizados etc.

Tudo o que for feito deverá ser anotado **diretamente** no caderno de laboratório, a tinta (não lápis). Se errar, traçar uma linha sobre o erro e escrever o correto a seguir. Nunca remover a página do caderno. Se usar computador para alguma planilha ou gráfico, imprimir a página e colar no caderno. Se anotar alguma coisa enquanto estiver trabalhando, **escrever diretamente no caderno**. Não usar folhas soltas ou rascunhos. Anotar também as hipóteses de trabalho e os erros eventualmente cometidos, bem como as tentativas de corrigi-los. Registrar os cálculos realizados, bem como suas explicações. É melhor **escrever tudo** do que dizer: "eu vou me lembrar".

RELATÓRIO

Yara M. Michelacci

Os relatórios são os principais relatos escritos dos cursos práticos, que devem ser entregues ao final de cada grupo de experimentos. Os **relatórios** devem ser escritos na forma de um **artigo científico**, para ajudar no processo de aprendizado de como produzir um artigo científico.

O relatório deve conter as seguintes seções:

- **Página de título** – contendo o título do projeto, o número do relatório e os nomes completos dos autores e a data.
- **Resumo** – um único parágrafo descrevendo sucintamente os objetivos, os resultados obtidos e as conclusões. Não deve exceder 200 palavras.
- **Introdução** – informações do conhecimento existente, que embasam o objetivo geral dos experimentos propostos. Qual a hipótese de trabalho? Que informação é necessária para entender essa hipótese e por que esse assunto é importante? Tomar cuidado para não incluir na Introdução informações irrelevantes ou que conduzam a erro. A Introdução deve permitir ao leitor apreciar a questão que será abordada com os experimentos, e por que essas questões são importantes.
- **Material e métodos** – descrição detalhada dos métodos utilizados, apresentando, inclusive, a origem dos reagentes.
- **Resultados e discussão** – os resultados devem ser apresentados em forma de gráficos e tabelas, e devem ser comentados e discutidos.
- **Referências**
- **Agradecimentos**

O **relatório** será avaliado segundo os seguintes critérios:

- Contém todas as seções necessárias?
- É escrito com clareza e sem erros de grafia ou concordância?
- Usa termos científicos com propriedade?
- Os cálculos foram realizados corretamente?
- É desnecessariamente longo?
- A **Página de título** contém o título do trabalho e os nomes dos autores?
- O **Resumo** introduz o tópico, explica a hipótese a ser testada, apresenta os resultados principais e as conclusões?
- O **Resumo** é bem escrito, lógico e conciso?
- A **Introdução** contém as bases do trabalho, apresentando os pontos pouco conhecidos que o trabalho pretende esclarecer?
- A **Introdução** explica a hipótese a ser testada e discute trabalhos significativos na área?
- Os experimentos podem ser entendidos com base na informação dada em **Materiais e métodos**?

- Todos os métodos usados são descritos? A sessão **Materiais e métodos** é desnecessariamente longa?
- Os **Resultados** respondem às questões levantadas na Introdução?
- Os **Resultados** são apresentados com clareza e devidamente discutidos?
- A **Discussão** resume as descobertas apresentadas nos Resultados? Discute os resultados esperados e inesperados?
- A **Discussão** responde as perguntas levantadas na Introdução?
- São apresentadas conclusões? O relatório explica por que essas conclusões são importantes?
- As **Figuras** são bem-feitas e facilitam o entendimento do texto?
- As **Legendas** são informativas?
- As **Tabelas** são bem-feitas e facilitam o entendimento do texto?

Mariana da Silva Araújo

AULAS PRÁTICAS

QUÍMICA GERAL
E ANALÍTICA
QGA

PRÁTICA **QGA-1**: SOLUÇÕES. RECONHECIMENTO DO MATERIAL DO LABORATÓRIO. AFERIÇÃO DE VOLUMES

OBJETIVOS

- Entender o que são soluções e como podem ser expressas suas concentrações.
- No laboratório, reconhecer o material a ser utilizado durante o curso.
- Calibrar uma pipeta e um balão volumétricos.

BASES TEÓRICAS

Como o corpo humano é constituído de cerca de 70% de água, para se estudar as moléculas que estão nas células é preciso trabalhar com soluções.

Uma solução é um sistema homogêneo, obtido, por exemplo, a partir de uma substância dissolvida em um líquido. A substância é chamada de soluto, e o líquido, de solvente.

A concentração de um soluto no solvente pode ser expressa de várias maneiras, como, por exemplo:

- **gramas por litro (g/l)**: em que se expressam quantos gramas do soluto estão dissolvidos em um litro de solução;
- **porcentagem em peso (%)**: em que se expressam quantos gramas de soluto estão dissolvidos em 100 g de solução.
- **molaridade (M)**: que é o número de mols (n) de um soluto dissolvidos em um litro de solução. Pode-se expressar a molaridade por:
  $M = n/V_{solução(l)}$

EXERCÍCIOS SOBRE CONCENTRAÇÃO DAS SOLUÇÕES

1. Calcular o mol dos seguintes compostos: ácido fosfórico, ácido sulfúrico, ácido acético ($C_2H_4O_2$) e hidróxido de sódio.
   Dados: átomos-grama (g): H = 1,008; P = 30,97; S = 32,07; O = 16,00; C = 12,01 e Na = 22,99.

2. A concentração de ácido acético ($C_2H_4O_2$) no vinagre é 52 g/L. Qual o número de moléculas de ácido acético adicionadas ao se temperar uma salada com 5 ml desse vinagre?
   Adicionam-se 4,0 g de NaOH em água suficiente para 500 ml de solução.

3. Qual a sua concentração em g/L?

4. Qual a porcentagem de NaOH nessa solução?

5. Qual a molaridade da solução obtida?

6. Dissolvem-se 40 g de hidróxido de sódio em água suficiente para dois litros de solução. Qual a molaridade da solução?

7. Calcular a molaridade de uma solução de H_2SO_4 resultante da mistura de 500 ml de H_2SO_4 2,0 M com 1.500 ml de solução aquosa do mesmo ácido e de concentração 9,8 g/L.
8. Calcular a molaridade de um ácido sulfúrico de 98% em peso. Dados: átomos-grama (g): H = 1,01; S = 32,1; O = 16,0; densidade: d = 1,84 g/ml.
9. 20,0 ml de H_2SO_4 de densidade 1,70 g/ml a 73,5% em peso são diluídos com água destilada a 200 ml de solução. Calcular a molaridade da solução, depois da diluição. Dados: átomos-grama(g): H = 1,01; S = 32,1; O = 16,0.

PROCEDIMENTO EXPERIMENTAL

Para se determinar experimentalmente a concentração de soluções, serão usadas técnicas de volumetria, em que se faz uma reação de uma solução de concentração desconhecida com outra de concentração conhecida (solução padrão); de um dos reagentes já se sabe o volume e se determina o volume da solução em análise, necessário para finalizar a reação. Esse procedimento é chamado de **titulação**. O ponto final da titulação é reconhecido visualmente, de um modo geral, por alguma mudança característica, nítida, e que não deixa margem a dúvidas. Essa mudança pode ser dada pela própria solução ou com auxílio de indicadores que mudam de cor ou provocam o aparecimento de um precipitado quando a reação é quantitativa. Para isso, são necessários:

- recipientes calibrados (buretas, pipetas e balões aferidos);
- reagentes de pureza conhecida, para a preparação de solução padrão;
- um indicador ou outro meio apropriado para se estabelecer o ponto final de titulação.

Cada equipe de dois alunos deve pegar no armário o seguinte material:

- 1 bandeja de plástico de 30 × 45 cm (aproximadamente)
- 1 balão volumétrico de 100 ml
- 1 balão volumétrico de 250 ml
- 1 bastão de vidro de, aproximadamente, 30 cm
- 1 Becker de plástico de 30 ou 50 ml
- 1 Becker de vidro de 10 ou 25 ml
- 1 Becker de vidro de 100 ml
- 1 Becker de vidro de 500 ml
- 1 bureta de 50 ml
- 2 cápsulas de porcelana
- 1 conta-gotas
- 4 Erlenmeyers de 125 ml
- 1 espátula
- 1 frasco de plástico de 250 ml
- 1 garra de bureta
- 1 pipeta graduada de 10 ml

- 1 pipeta graduada de 2 ml
- 1 pipeta graduada de 5 ml
- 2 pipetas graduadas de 1 ml
- 1 pipeta volumétrica de 25 ou 20 ml
- 1 pisseta plástica
- 1 proveta de 25 ml
- 1 proveta de 100 ml
- 1 proveta de 250 ml
- 1 suporte de ferro

Todo o material usado durante o dia deve ser lavado pela equipe e guardado nas bandejas dentro do armário. O laboratório precisa ficar limpo e em ordem.

É da responsabilidade da equipe a devolução de todo o material, em bom estado, ao final do curso.

CALIBRAÇÃO DE PIPETA VOLUMÉTRICA DE 25 ML

Em uma balança analítica, pesar com muito cuidado, até a quarta casa decimal, um Becker de plástico de 30 ml. Com a pipeta volumétrica, medir 25 ml de H_2O e colocá-los no Becker tarado. Por diferença, calcular a massa da água; consultando-se uma tabela de densidade em função da temperatura, calcular o volume certo da pipeta.

CALIBRAÇÃO DE BALÃO VOLUMÉTRICO DE 100 ML

Analogamente, pesar o balão vazio e, em seguida, o mesmo balão cheio de H_2O; por diferença, calcular a massa da água e, pela densidade, o volume.

PRÁTICA **QGA-2**: DISSOCIAÇÃO ELETROLÍTICA. ALCALIMETRIA E ACIDIMETRIA

OBJETIVOS

* Entender o que são ácidos, bases e sais.
* No laboratório, preparar e padronizar soluções de uma base forte e de um ácido forte.

BASES TEÓRICAS

Quando uma solução é formada, as moléculas do soluto podem se comportar dos seguintes modos:

a) permanecerem inalteradas, como o açúcar, a glicose, a ureia, a glicerina;

b) dissociarem-se, como, por exemplo, os sais, os ácidos e as bases:

$$NaCl \rightarrow Na^+ + Cl^-$$
$$HCl \rightarrow H^+ + Cl^-$$
$$NaOH \rightarrow Na^+ + OH^-$$

A água pura é um mau condutor de eletricidade; soluções feitas com açúcar, a glicose, a ureia também conduzem mal a eletricidade. Esses compostos são chamados de **não-eletrólitos**.

Soluções que conduzem a corrente elétrica são chamadas de **eletrólitos**. Faraday denominou de **íons** os componentes do eletrólito carregados eletricamente. Os íons com carga positiva e negativa chamam-se **cátions** e **ânions**, respectivamente.

Para cada concentração do eletrólito há uma correspondente concentração dos íons:

$$NaCl \rightarrow Na^+ + Cl^-$$
$$1\,M\;1\,M\;1\,M$$

$$CaCl_2 \rightarrow Ca^{2+} + 2Cl^-$$
$$0,1\,M\;0,1\,M\;0,2\,M$$

SAIS

A estrutura de numerosos sais foi investigada no estado sólido por meio de raios X e por outros meios; está estabelecido que eles são constituídos por átomos ou grupo de átomos com carga elétrica (íons) que formam um retículo cristalino.

Os íons dos sais estão ligados por uma força de atração que é diretamente proporcional às cargas dos íons e inversamente proporcional à distância entre eles e à constante dielétrica do meio.

Quando os sais se dissolvem em um solvente com constante dielétrica elevada, como a água, ou quando são aquecidos até a fusão, as forças que mantêm sua estrutura cristalina enfraquecem-se, a substância se dissocia nas partículas com carga elétrica ou íons pré-existentes e as soluções resultantes tornam-se boas condutoras de eletricidade. Aceita-se, quase universalmente, que a dissolução de sais seja total em solução aquosa; há exceções como o acetato de chumbo, CN^-, SCN^- e haletos de Hg^{++} e Cd^{++}.

ÁCIDOS

Os compostos HF, HCl, HBr e HI são gases à temperatura ambiente, enquanto que H_2SO_4 e HNO_3 são líquidos. É interessante o fato de que as formas puras desses compostos não têm as propriedades que são associadas aos ácidos. Essas propriedades só se desenvolvem quando os compostos são dissolvidos em água ou em algum outro solvente muito polar. Quando um desses ácidos é dissolvido em um solvente, ocorre uma reação química que é a transferência de um próton do ácido para o solvente:

$$HNO_3 + H_2O \rightarrow H_3O^+ + NO_3^-$$
$$HCl + H_2O \rightarrow H_3O^+ + Cl^-$$

$$H_2SO_4 + H_2O \rightarrow H_3O^+ + HSO_4^-$$
$$\text{íon hidrônio}$$

É o íon hidrônio que confere propriedades "ácidas" às soluções aquosas desses compostos.

Os ácidos polibásicos ionizam-se por etapas. No H_2SO_4 a ionização do primeiro H^+ é quase total:

$$H_2O + H_2SO_4 \rightarrow H_3O^+ + HSO_4^-$$

O segundo H ioniza-se parcialmente, a não ser em soluções muito diluídas.

$$HSO_4^- + H_2O \leftrightarrow H_3O^+ + SO_4^-$$

O H_3PO_4 também se ioniza por etapas:

$$H_3PO_4 + H_2O \leftrightarrow H_3O^+ + H_2PO_4^-$$
$$H_2PO4^- + H_2O \leftrightarrow H_3O^+ + HPO_4^{2-}$$
$$HPO_4^{2-} + H_2O \leftrightarrow H_3O^+ + PO_4^{3-}$$

As etapas sucessivas de ionização denominam-se: ionização primária, secundária e terciária; a primária é sempre maior que a secundária e esta muito maior que a terciária.

Os ácidos que, em solução aquosa, estão quase totalmente dissociados são os **ácidos fortes** (HCl, HBr, HNO_3, $HClO_4$ e H_2SO_4 na primária), e os ácidos que estão pouco ionizados são **ácidos fracos** (HNO_2, $C_2H_4O_2$, H_2CO_3, H_3BO_3, H_3PO_3, H_3PO_4, HCN e H_2S).

BASES

Bases são substâncias que, ao se dissolverem em água, liberam hidroxila (OH^-); os hidróxidos de K^+, Na^+ e dos metais alcalino-terrosos são bases fortes:

$$NaOH \rightarrow Na^+ + OH^-$$
$$Ba(OH)_2 \rightarrow Ba^{++} + 2\ OH^-$$

O NH_4OH é uma base fraca: $NH_3 + H_2O \leftrightarrow NH_4OH \leftrightarrow NH_4^+ + OH^-$

EXERCÍCIOS SOBRE DISSOCIAÇÃO ELETROLÍTICA

1. Considerando-se uma solução de NaCl 0,010 M, quais são as concentrações molares dos íons?
2. Quais são as molaridades de K^+ e de SO_4^{2-} na solução de K_2SO_4 0,015 M?
3. Se forem adicionados 2,58 g de K Al $(SO_4)_2$ a uma quantidade de água suficiente para 0,250 l de solução, qual é a concentração molar de cada íon? M = 258,21
4. Qual o número de mols de íons Na^+ presentes em 250 ml de uma solução de sulfato de sódio 0,20 M?
5. Se for adicionada água a 20 ml de uma solução de KOH 0,20 M até completar 100 ml, qual será a concentração molar de íons K^+?

PROCEDIMENTO EXPERIMENTAL
TITULAÇÃO DE ÁCIDOS E BASE FORTES

Material complementar
- HCl 0,1000 padronizado
- fenolftaleína 1% em etanol
- NaOH em lentilhas
- HCl concentrado (37%, d = 1,19 g/ml, M = 36,5 g/mol)
- balanças graneleiras

Cálculos preliminares
- Calcular a quantidade de NaOH em lentilhas necessária para se preparar 250 ml de NaOH 0,1 M.
- Calcular a quantidade de HCl estoque para se preparar 100 ml de HCl 0,1 M.

Preparação da solução de NaOH 0,1 M
Pesar o NaOH em Becker plástico. Dissolvê-lo em água destilada com o auxílio de um bastão de vidro; passar a solução para um balão de 250 ml, também com o auxílio do bastão, e completar o volume. Guardar a solução em frasco plástico.

Padronização da solução de NaOH

Pipetar duas amostras de 25 ml (com a pipeta volumétrica calibrada) de HCl 0,1000 M padrão em dois Erlenmeyers. Adicionar três gotas do indicador fenolftaleína. Na bureta, colocar a solução de NaOH que se quer padronizar. Adicionar lentamente a solução alcalina, agitando sempre o Erlenmeyer, até viragem do indicador. Anotar o volume de NaOH gasto. Repetir o processo com a segunda amostra. Com os resultados obtidos calcular a concentração da solução de hidróxido de sódio.

Preparação de solução de HCl 0,1 M

Pipetar o HCl concentrado **com cuidado**, em uma capela, e usando uma pipeta graduada com proteção; transferir o volume medido para um balão volumétrico de 100 ml, calibrado, que já tenha um pouco de água destilada, e completar o volume.

Padronização da solução de HCl

Pipetar duas amostras de 25 ml cada (com a pipeta volumétrica calibrada) da solução de HCl que se quer padronizar em dois Erlenmeyers. Adicionar três gotas do indicador fenolftaleína a cada solução. Na bureta, colocar a solução de NaOH padrão e acertar o zero. Adicionar lentamente a solução alcalina, agitando sempre o Erlenmeyer, até a viragem do indicador. Anotar o volume de NaOH gasto. Repetir o processo com a segunda amostra. Com os resultados obtidos, calcular a concentração da solução de HCl.

Fazer o relatório desse experimento no formato de artigo científico.

PRÁTICA **QGA-3**:
DETERMINAÇÃO DA CONCENTRAÇÃO DO ÁCIDO ACÉTICO PRESENTE NO VINAGRE

OBJETIVOS

- Entender como as bases e os ácidos fracos são ionizados.
- Saber usar a constante de ionização para calcular a concentração dos íons de um composto pouco dissociado.
- No laboratório, determinar a concentração de ácido acético no vinagre comercial.

BASES TEÓRICAS

Até agora, os exemplos usados foram de eletrólitos completamente dissociados em solução, chamados ácidos e bases fortes; as bases e os ácidos fracos não são completamente dissociados; o ácido acético (HAc) é um exemplo típico:

$$HAc + H_2O \leftrightarrow H_3O^+ + Ac^-$$

Quando esse sistema atinge o equilíbrio, as concentrações dos reagentes estão relacionadas pela constante do equilíbrio:

$$\frac{H_3O^+ \times Ac^-}{H_2O \times HAc^-} = K$$

Quando se considera dissociação de ácidos ou bases fracas, K é chamado de **constante de ionização** ou de **dissociação** ou de **afinidade** em certa temperatura.

EXERCÍCIOS SOBRE DISSOCIAÇÃO ELETROLÍTICA EM COMPOSTOS POUCO DISSOCIADOS

1. Dada uma solução com o rótulo HNO_2 0,020 M, qual é a concentração molar de H^+, NO^{2-} e HNO_2 na solução? A constante de dissociação do ácido é $4,5 \times 10^{-4}$.

2. Dada uma solução de $NaHSO_4$ 0,15 M, quais são as concentrações molares de HSO_4^-, $SO_4^=$ e H^+? $K = 1,26 \times 10^{-2}$.

3. H_2S é um ácido diprótico com $K_1 = 1,1 \times 10^{-7}$ e $K_2 = 1,0 \times 10^{-14}$. Calcular as concentrações molares de H_2S, HS^-, S^{--} e H^+, numa solução H_2S 0,10 M.

4. Uma típica solução de H_3PO_4 contém as seguintes espécies em equilíbrio: H_3PO_4 0,076 M, $H_2PO_4^-$ 0,024 M, HPO_4^- $6,2 \times 10^{-8}$ M, PO_4^- $3,0 \times 10^{-18}$ M e H^+ 0,024 M. Calcular K_1, K_2 e K_3 para os equilíbrios desse ácido.

5. Misturando-se $1,0 \times 10^{-2}$ mol de HCl e $3,0 \times 10^{-2}$ mol de Na_2C_2O4 em suficiente água para fazer 0,25 l de solução, quais serão as concentrações molares de H^+, $C_2O_4^-$ e $HC_2O_4^-$? $K_1 = 6,5 \times 10^{-2}$; $K_2 = 6,1 \times 10^{-5}$.

PROCEDIMENTO EXPERIMENTAL
DETERMINAÇÃO DA CONCENTRAÇÃO DO ÁCIDO ACÉTICO PRESENTE NO VINAGRE

Material complementar
- NaOH padronizado
- fenolftaleína 1% em etanol
- vinagre comercial

Titulação do ácido acético

O vinagre contém comumente 4 a 5% de ácido acético. Pipetar 25 ml (com a pipeta volumétrica calibrada) de vinagre num balão volumétrico de 100 ml calibrado. Completar o volume e homogeneizar. Com uma pipeta volumétrica calibrada, transferir 25 ml para um Erlenmeyer. Se o vinagre for de cor rosa-escuro, adicionar um volume igual de água; adicionar algumas gotas de fenolftaleína e titular com solução padrão de NaOH 0,1 M. Ao diluir o vinagre, reduz-se a intensidade de sua cor, de modo que esta não interfere na viragem do indicador. Calcular o conteúdo de ácido acético no vinagre e expressar o resultado em gramas de ácido acético por 100 ml de vinagre.

Fazer o relatório desse experimento no formato de artigo científico.

PRÁTICA **QGA-4**:
PRODUTO IÔNICO DA ÁGUA. pH. TITULAÇÕES POTENCIOMÉTRICAS

OBJETIVOS
- Entender o que é produto iônico da água e pH.
- Saber calcular o pH de diversas soluções.
- No laboratório, determinar a concentração de uma solução de HCl e outra de ácido acético por titulação potenciométrica.

BASES TEÓRICAS

A água é um eletrólito fraco que se ioniza segundo a equação:
$$H_2O \leftrightarrow H^+ + OH^-$$

Aplicando a lei da ação das massas, para cada temperatura
$$\frac{[H^+] \times [OH^-]}{[H_2O]} = \text{constante}$$

Em água pura ou em soluções aquosas diluídas, a concentração de água é praticamente constante; daí:
$$[H^+] \times [OH^-] = Kw = \text{produto iônico da água}$$

Kw varia com a temperatura, mas nas condições experimentais pode ser considerado igual a 1×10^{-14}.

A importância do produto iônico da água vem do fato de que, sabendo-se a concentração de H^+, a concentração de OH^- pode ser calculada e vice-versa.

Em 1909, Sörensen propôs a definição de pH:
$$pH = -\log 10 \ [H^+]$$
$$[H^+] = 10 - pH$$

Desse modo, as concentrações de H^+ são expressas por pH, na forma de números reais positivos de 0 a 14. Quando o pH é menor do que 7 tem-se uma solução ácida, e quando o pH é maior do que 7, a solução é alcalina.

EXEMPLOS

1) Calcular o pH de uma solução que tem $[H^+] = 4,00 \times 10^{-5}$
$$\log 4,00 \times 10^{-5} = 0,602 - 5 = -4,398$$
$$pH = -\log [H^+] = -(-4,398) = 4,40$$

2) Calcular a concentração do H^+ que corresponde a pH = 5,643

$$pH = -\log [H^+] = 5{,}643 \log [H^+] = -5.643 = 6{,}357$$
$$antilog\ 0{,}357 = 2{,}28\ [H^+] = 2{,}28 \cdot 10^{-6}$$

EXERCÍCIOS SOBRE pH

1. Qual é o pH da água pura?
2. Se uma solução tem pH = 4,0, qual é a sua concentração hidrogeniônica?
3. Qual é o pH de uma solução KNO_3 0,10 M?
4. Qual o pH de uma solução onde a concentração de íons H^+ é igual a $4{,}8 \times 10^{-13}$ M?
5. Qual o pH de uma solução cuja concentração de OH^- é $2{,}50 \times 10^{-3}$ M?
6. Qual é o pH de uma solução onde a concentração hidrogeniônica é 2,89 M?
7. Qual é o pH de uma solução $NaHSO_4$ 0,168 M? $K_{diss} = 1{,}26 \times 10^{-2}$
8. Qual é o pH de uma solução de HNO_2 0,15 M? $K_{diss} = 4{,}5 \times 10^{-4}$
9. Uma típica amostra de sangue tem pH = 7,4. Qual é a concentração hidrogeniônica?
10. Uma cerveja típica tem pH = 4,7. Isto corresponde a qual concentração hidrogeniônica?

PROCEDIMENTO EXPERIMENTAL
TITULAÇÕES POTENCIOMÉTRICAS DE ÁCIDOS FORTES E FRACOS
Material complementar
- HCl 0,100 M
- HAc 0,100 M
- NaOH 0,100 M

Titulação potenciométrica de HCl e de HAc

Pipetar, com a pipeta volumétrica calibrada, 25 ml de ácido clorídrico em Becker de 100 ml; medir o pH; usando-se uma bureta, adicionar volumes de 2,0 ml de NaOH até completar 50,0 ml de base e medir a variação do pH após cada adição. Fazer um gráfico de pH = f(V).

Repetir o experimento, usando-se o ácido acético.

Fazer o relatório no formato de artigo científico.

Prática **QGA-5**:
Tampão. Preparação de uma solução tampão.
Determinação da faixa de eficiência dos tampões

OBJETIVOS
- Saber o que é uma solução tampão e qual sua utilidade.
- No laboratório, preparar uma solução tampão e determinar sua faixa de eficiência.

BASES TEÓRICAS

Denomina-se ação tamponante a propriedade que têm algumas soluções de manter praticamente constante sua concentração de H^+ mesmo que se adicione H^+ ou OH^-; a solução que possui tal propriedade chama-se solução tampão. Essa solução contém comumente uma mistura de um ácido fraco ou uma base fraca com um de seus sais; por exemplo, ácido acético com acetato de sódio ou hidróxido de amônio com sulfato de amônio.

Nessas soluções, é válida a expressão:

$$pH = pKa + \log \frac{[sal]}{[ácido]}$$

que é a Equação de Henderson-Hasselbalch.

Considerando-se agora uma base, como o hidróxido de amônio, tem-se o seguinte equilíbrio:

$$NH_4OH \leftrightarrow NH_4^+ + OH^-$$

E a expressão será

$$pOH = pKa + \log \frac{[sal]}{[base]}$$

EXERCÍCIOS SOBRE TAMPÃO

1. Qual é o pH de uma solução tampão feita pela adição de 0,350 mol de acetato de sódio a 0,350 mol de HAc e água suficiente para 600 ml? $K_{HAc} = 1,80 \times 10^{-5}$.
2. Partindo de 0,125 l de uma solução tampão que tem HAc em concentração 0,225 M e acetato de sódio em concentração também de 0,225 M, qual será a variação do pH se forem adicionados 30,0 ml de HCl 100 mM?
3. Preparar 100 ml dos seguintes tampões:
   a. Acetato 0,20 M pH 5,0, sabendo-se que pK = 4,75 e que se dispõe de HAc 1,0 M e NaOH 0,40 M.
   b. Acetato 0,20 M pH = 3,8, sabendo-se que pK =4,75 e que se dispõe de HCl 0,40 M e cristais de acetato de sódio ($C_2H_3O_2Na \cdot 3H_2O$, M = 136,08).

c.   Tris 0,20 M pH = 8,0, sabendo-se que M = 121,14, pK = 8,08 e que se dispõe de cristais de Tris e de uma solução de HCl 0,40 M.

d.   Fosfato 0,20 M pH = 6,8, sabendo-se que K_1 = 7,6 v 10^{-3}, K_2 = 6,2 × 10^{-8} e K_3 = 2,1 × 10^{-13} e que se dispõe de HCl 0,40 M e de cristais de $Na_2HPO_4 \cdot 7H_2O$ (M = 268,07).

e.   Fosfato 0,20 M pH = 7,7, tendo-se à disposição uma solução de NaOH 0,40 M e cristais de $NaH_2PO_4 \cdot H_2O$ (M = 137,99).

PROCEDIMENTO EXPERIMENTAL
PREPARAÇÃO DE UMA SOLUÇÃO TAMPÃO

Material complementar

- Agitadores magnéticos
- Barras magnéticas
- Potenciômetros
- Acetato de sódio
- Na_2HPO_4
- NaH_2PO_4
- Tris
- HCl 0,40 M
- NaOH 0,40 M
- Ácido acético 1,0 M
- HCl 0,20 M
- NaOH 0,20 M

Preparação de uma solução tampão

Preparar 100 ml de um dos tampões citados nos exercícios e conferir o pH, usando-se o potenciômetro.

Determinação da faixa de eficiência dos tampões

Preparar 100 ml de HCl e 100 ml de NaOH da mesma molaridade do tampão; pipetar, com a pipeta volumétrica calibrada, 25 ml de tampão em Becker de 100 ml; medir o pH; usando uma bureta, adicionar volumes de 2,0 ml de HCl e medir a variação do pH; repetir com a base.

Determinar, por meio de um gráfico de pH = f(v), o valor do pK do tampão.

Fazer o relatório desses experimentos no formato de artigo científico.

Prática **QGA-6**:
Produto de solubilidade. Argentometria. Método de Mohr

OBJETIVOS

- Saber o que é o produto de solubilidade em compostos pouco solúveis e qual sua utilidade.
- No laboratório, determinar a concentração de uma solução de NaCl, usando o Método de Mohr

BASES TEÓRICAS

Eletrólitos pouco solúveis são aqueles que não conseguem se dissolver totalmente em certo solvente; sua solubilidade é a quantidade (em gramas) do soluto que se dissolve em um litro do solvente. Experimentalmente, se comprova que, para eletrólitos pouco solúveis, o produto das concentrações molares dos íons é constante para cada temperatura. Esse produto S é denominado produto de solubilidade.

$$AB \leftrightarrow A^+ + B^-$$
$$S_{AB} = [A^+] [B^-]$$

PRECIPITAÇÃO FRACIONADA

Pode-se saber, com a ajuda do princípio do produto de solubilidade, qual de dois sais pouco solúveis precipitará em uma série de condições experimentais. Um exemplo de grande importância prática é o Método de Mohr para determinação de haletos. Por esse método titulam-se íons Cl^- com solução padrão de $AgNO_3$ em presença de íons CrO_4^{--} que funciona como indicador:

$$S_{AgCl} = [Ag^+] \times [Cl] = 1,2 \times 10^{-10}$$
$$S_{Ag_2CrO_4} = [Ag^+]^2 \times [CrO_4^{2-}] = 1,7 \times 10^{-12}$$

$$\frac{[Ag^+]^2 \times [Cl^-]^2}{[Ag^+]^2 \times [CrO_4^{2-}]} = \frac{(1,2 \times 10^{-10})^2}{1,7 \times 10^{-12}} = \frac{1}{1,2 \times 10^8}$$

Assim, ao se fazer a titulação de cloreto de sódio com nitrato de prata em presença de alguns ml de solução diluída de cromato de potássio, inicialmente, somente o AgCl precipita (precipitado branco), em razão das concentrações de cloreto e de cromato, e dos produtos de solubilidade do AgCl e do $Ag_2CrO_4 \cdot O$ Ag_2CrO_4 só precipitará quando $[CrO_4^{2-}] = 1,2 \times 10^8 \times [Cl^-]^2$, conforme demonstrado acima.

EXERCÍCIOS SOBRE PRODUTO DE SOLUBILIDADE

1. A solubilidade do AgCl é 1,5 mg/l. Calcular o produto de solubilidade.
2. Calcular o produto de solubilidade de Ag_2CrO_4, sabendo que sua solubilidade é de $2,5 \times 10^{-2}$ g/l.
3. O produto de solubilidade de $Mg(OH)_2$ é $3,4 \times 10^{-11}$. Calcular a solubilidade.
4. Ao se tentar dissolver $BaSO_4$ em água, encontra-se que somente 1,82 mg de $BaSO_4$ dissolvem-se em 200 ml. Qual é o produto de solubilidade para $BaSO_4$? M = 233,4 g/mol.
5. Sendo o produto de solubilidade de $BaSO_4$ igual a $1,50 \times 10^{-9}$, quantos gramas de $BaSO_4$ podem ser dissolvidos em 1.000 l de H_2O?
6. Sendo o produto de solubilidade do $BaSO_4$ igual a $1,50 \times 10^{-9}$, quantos gramas de $BaSO_4$ podem ser dissolvidos em 1.000 l de Na_2SO_4 0,100 M?
7. Sendo o produto de solubilidade do $BaSO_4$ $1,50 \times 10^{-9}$, esperar-se-ia a formação de algum precipitado se fossem misturados 10,0 ml de $BaCl_2$ 0,100 M a 30,0 ml de Na_2SO_4 5,00 mM?

PROCEDIMENTO EXPERIMENTAL
TITULAÇÃO DE UMA SOLUÇÃO DE CLORETO DE SÓDIO
Material complementar
* $AgNO_3$ padrão
* NaCl 0,1 M
* K_2CrO_4 5%

Titulação de uma solução de NaCl pelo Método de Mohr

Na titulação de cloreto de sódio 0,1 M com nitrato de prata 0,1 M em presença de alguns ml de solução diluída de cromato de potássio, inicialmente, precipita somente o AgCl, devido às concentrações de cloreto e de cromato, e aos produtos de solubilidade do AgCl e do Ag_2CrO_4 (ver *Precipitação Fracionada*). No ponto final, há precipitação de cromato de prata vermelho.

Pipetar duas amostras de 25 ml cada (com pipeta volumétrica calibrada) da solução problema de íons de cloreto em duas cápsulas de porcelana; juntar 1 ml da solução do indicador (5 g de cromato de potássio em 100 ml de água). Titular lentamente, com solução de nitrato de prata padrão, mediante uma bureta, agitando sempre, até que a cor vermelha formada, ao juntar cada gota de $AgNO_3$, comece a desaparecer mais lentamente, o que indica que a maior parte do cloreto já precipitou. Continuar adicionando o $AgNO_3$ gota a gota, até que se produza uma fraca, mas nítida, variação de cor. A cor avermelhada deve persistir mesmo depois de uma agitação enérgica. Repetir a operação com a segunda amostra de cloreto. Calcular a concentração do cloreto na solução.

Prática **QGA-7**:
Íons complexos. Argentometria. Método de Volhard

OBJETIVOS

- Saber como são formados os íons complexos e para que servem.
- No laboratório, preparar e padronizar uma solução de NaSCN, usando o Método de Volhard.

BASES TEÓRICAS

Um íon complexo é formado pela união de um íon simples com outros íons de carga oposta ou com moléculas neutras; por exemplo, $[Ag(NH_3)_2]^+$, $[Ag(CN)_2]^-$, $[Cu(CN)_4]^{2-}$, $[Fe(SCN)_6]^{3-}$ e $[Pt(Cl)_6]^{2-}$. O ligante em um íon complexo tem nome diferente do costumeiro fora do complexo; nos exemplos, os nomes dos complexos são: diaminprata, dicianoprata, tetracianocobreII, hexatiocianoferroIII e hexacloroplatinaIV.

$$H_2N—Ag^+—NH_2 \qquad [Ag(NH_3)_2]^+, \text{Diaminprata}$$

$$[Cu(CN^-)_4]^{2-}, \text{TetracianocobreII}$$

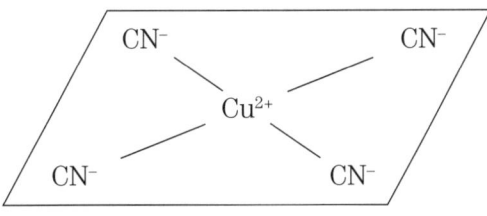

$$[Fe(SCN^-)_6]^{3-}, \text{hexatiocianoferroIII}$$

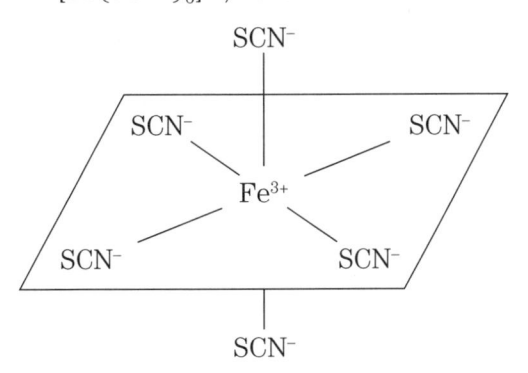

Quando há íons metálicos indesejáveis em uma solução, é possível sequestrá-los, usando-se substâncias chamadas de **quelantes**, que reagem com os íons metálicos, formando íons complexos bastante estáveis. Entre os exemplos de substâncias quelantes, dois exemplos muito conhecidos são a o-fenantrolina (oph) e o ácido etilenodiaminotetraacético (EDTA), que se ligam aos íons metálicos pelos pares de elétrons do nitrogênio e pelos íons carboxilatos.

PROCEDIMENTO EXPERIMENTAL
TITULAÇÃO DE UMA SOLUÇÃO DE TIOCIANATO DE AMÔNIO

Material complementar

- $AgNO_3$ padrão
- HNO_3 6 M
- $Fe(NH_4)(SO_4)_2$ 40% com gotas de HNO_3 6 M
- $NH_4 SCN$

Preparação de uma solução de tiocianato de amônio 0,1 M

Pesar cerca de 0,90 g de tiocianato de amônio p.a.; dissolver em água e completar o volume até 100 ml em balão volumétrico.

Titulação da solução de NH_4SCN pelo Método de Volhard

Um dos usos do princípio de formação de complexos é a titulação de íons SCN^- com Ag^+ na presença de Fe^{3+}.

Inicialmente, precipita o AgSCN, branco; depois, quando não há mais íons prata, o tiocianato complexa com os íons ferro que estão presentes na solução.

$$SCN^- + Ag^+ \rightarrow AgSCN \ (S = 1,0 \times 10^{-12})$$
$$6\ SCN^- + Fe^{3+} \rightarrow [Fe(SCN)_6]^{3-}$$

Pipetar duas amostras de 25 ml cada (com a pipeta volumétrica calibrada) da solução de nitrato de prata 0,1 M padrão em duas cápsulas de porcelana. Adicionar 5 ml de HNO_3 6 M e 1 ml da solução indicadora de sal férrico (solução aquosa, saturada a frio – 40%), de sulfato de ferro III e amônio p.a., à qual se adicionaram algumas gotas de HNO_3 6 M). Adicionar a solução de tiocianato. No princípio vai se produzir um precipitado branco, que dá à solução uma aparência leitosa, e, a cada gota de tiocianato, forma-se uma mancha avermelhada que desaparece quando se agita a solução. Ao aproximar-se o ponto final, forma-se o precipitado que sedimenta; finalmente, quando uma gota da solução de tiocianato der uma solução avermelhada que não desaparece por agitação, chega-se ao final da titulação. Repetir a operação com a outra amostra.

Prática **QGA-8**:
Óxido-redução. Permanganometria

OBJETIVOS

- Aprender os conceitos de oxidação e de redução.
- No laboratório, preparar uma solução padrão de oxalato de sódio e usá-la para padronizar uma solução de permanganato de potássio.

BASES TEÓRICAS

A oxidação consiste no aumento da valência positiva de um elemento ou radical; por exemplo, transformação de Cu_2O em CuO ou FeO em Fe_2O_3 ou Cu_2Cl_2 em $CuCl_2$ ou $FeCl_2$ em $FeCl_3$.

A redução consiste na diminuição de valência positiva de um elemento ou radical. A transformação de Fe_2O_3 em FeO ou de $FeCl_3$ em $FeCl_2$ ou de $CuCl_2$ em Cu_2Cl_2 são exemplos de redução.

Os processos de oxidação e de redução são complementares; sempre que uma substância se oxida outra se reduz; esses processos ocorrem por meio de troca de elétrons entre as substâncias; isto é, a substância que se oxida doa elétrons para a substância que se reduz; em outras palavras, oxidação quer dizer perda de elétrons:

$$Fe \rightarrow Fe^{2+} + 2e^-$$

e redução quer dizer ganho de elétrons:

$$Cl_2 + 2e^- \rightarrow 2Cl^-$$

Quando o ferro e o cloro estão em contato, ocorre a reação:

$$Fe + Cl_2 \rightarrow Fe^{2+} + 2\ Cl^-$$

O ferro se torna oxidado, mas ele age como redutor; e o cloro, agindo como oxidante, se reduz. Sendo a oxidorredução uma troca de elétrons, o número de elétrons perdidos pelo agente redutor deve ser o mesmo que o número de elétrons ganhos pelo agente oxidante.

São vários os agentes oxidantes, como permanganato de potássio, dicromato de potássio, íon nitrato, halogênios e peróxido de hidrogênio. Também há diversos agentes redutores, como dióxido de enxofre ou ácido sulfuroso, sulfeto de hidrogênio, ácido iodídrico, cloreto estanoso, metais e hidrogênio.

EXERCÍCIOS SOBRE ÓXIDO-REDUÇÃO

1. Balancear as seguintes reações:
   a. $As + NO_3^- \ H^+ \rightarrow AsO_4^{3-} + NO$
   b. $ClO_3^- + H^+ \rightarrow ClO_4^- + ClO_2$
   c. $SO_3^{2-} \rightarrow S^{2-} + SO_4^{2-}$
   d. $I^- + IO_3^- + H^+ \rightarrow I_2 + H_2O$

e. $P + NO_3^- + H^+ \rightarrow PO_4^{3-} + NO$
f. $Cl^- + MnO_4^- + H^+ \rightarrow Mn^{2+} + Cl_2$
g. $AsO_4^{3-} + H_2S \rightarrow S + As_2S_3$
h. $Zn + NO_3^- + H^+ \rightarrow H_2O + NH_4^+ + Zn^{2+}$
i. $CrO_3 + Sn^{2+} + H^+ \rightarrow Cr^{3+} + Sn^{4+}$

PROCEDIMENTO EXPERIMENTAL
TITULAÇÃO DE UMA SOLUÇÃO DE PERMANGANATO DE POTÁSSIO

Material complementar

- H_2SO_4 1 M
- $KMnO_4$ 0,02 M
- $Na_2C_2O_4$ em pó

Preparação de uma solução padrão de oxalato de sódio 0,05 M

Pesar, em balança analítica, cerca de 0,67 g (até a quarta casa decimal) de $Na_2C_2O_4$ p.a. (M = 133,9 g/mol); dissolver em água, passar para o balão volumétrico de 100 ml e completar o volume.

Titulação de uma solução de $KMnO_4$

Pipetar 25 ml (com pipeta volumétrica calibrada) da solução padrão de $Na_2C_2O_4$ em um Becker e juntar 150 ml de ácido sulfúrico 1 M. Efetuar a titulação do $KMnO_4$ adicionando-o de uma bureta, até obter uma solução rosada.

Aparecida S. Tanaka

AULAS PRÁTICAS

QUÍMICA ORGÂNICA
(QO)

Prática QO-1:
Reações para diferenciar hidrocarbonetos

ALCANOS (estes experimentos serão realizados na bancada)

1. A 1 ml de hexano em um tubo de ensaio adicionar 2 ml de solução aquosa de $KMnO_4$ e agitar bem. Se o $KMnO_4$ agir como agente oxidante, a cor púrpura desaparecerá e haverá formação de MnO_2 (castanho).
    Resultado:

2. A 1 ml de hexano em um tubo de ensaio adicionar 1 ml de solução de Br_2/CCl_4 (ou água de Bromo) e agitar bem. A cor do bromo desaparecerá se ocorrer reação.
    Resultado:

3. Tratar 1 ml de hexano com 1 ml de H_2SO_4 concentrado. Se ocorrer reação, o hexano sofrerá uma modificação e haverá desprendimento de calor.
    Resultado:

ALCENOS (estes experimentos serão realizados na capela)

1. Colocar 1 ml de uma solução de Br_2/CCl_4 (ou água de Bromo) em um tubo de ensaio e adicionar hexeno, gota a gota. O que se observa? Escrever a equação da reação.
    Resultado e equação da reação:

2. Colocar 2 ml de solução de $KMnO_4$ em um tubo de ensaio e adicionar aproximadamente 80 gotas de NaOH 0,1 M. Junte o hexeno (20 gotas) até sumir a cor púrpura. A reação é complexa e vários produtos são obtidos. Faça o balanceamento da reação abaixo para o 2-hexeno.
    $$C_3H_7—CH=CH—CH_3 + MnO_4^- + H_2O \rightarrow$$
    $$C_3H_7—CH—CH—CH_3 + MnO_2 + OH—OH\ OH$$

3. A 1 ml de hexeno em um tubo de ensaio adicionar 3 gotas de H_2SO_4 concentrado. O tubo torna-se quente e, após 5 minutos, notar se com a adição de 3 ml de água há formação de um polímero insolúvel. O que acontece?
    Resposta:

4. A 1 ml de divinil-benzeno em um tubo de ensaio adicionar 3 gotas de H_2SO_4 concentrado. O tubo torna-se quente e, após 5 minutos, notar se com a adição de 3 ml de água há formação de um polímero insolúvel. Qual é a estrutura do polímero?
    Resposta:

BENZENO (estes experimentos serão realizados na capela)

1. Trate 1 ml de $KMnO_4$ alcalino (colocar algumas gotas de NaOH 0,1 M) com 0,5 ml de benzeno. Compare o resultado com o obtido para o vinil-benzeno.
   Resposta:

2. Coloque 0,5 ml de HNO_3 concentrado em um tubo de ensaio, junte 1,0 ml de benzeno e agite o tubo. Observe se há alguma reação. Colocar a mistura em 5 ml de água, tornar a solução alcalina com NaOH 5 M e observar o odor de camada insolúvel e sua densidade em relação à solução aquosa. Explicar o resultado em relação à reação feita na presença de ácido sulfúrico.

3. Coloque 1,0 ml de HNO_3 concentrado e 1,0 ml de H_2SO_4 concentrado em um tubo de ensaio, junte 1,0 ml de benzeno e agite o tubo. Observe se há alguma reação. Colocar a mistura em 5 ml de água, adicionar solução de NaOH 5 M e observar se ocorre alteração do odor e/ou outras alterações na mistura. Explicar o resultado em relação à reação feita na ausência de ácido sulfúrico.

4. Colocar 0,5 ml de benzeno em tubo de ensaio e adicionar algumas gotas de Br_2/CCl_4 (ou água de Bromo). Comparar o resultado obtido com os resultados obtidos para o hexano e hexeno.

Prática QO-2:
Síntese e recristalização de ácido salicílico

OBJETIVO

Preparar ácido salicílico.

BASES TEÓRICAS

Assuntos relacionados: ácidos carboxílicos – método de obtenção; reação de acetilação.

PROCEDIMENTO EXPERIMENTAL

Em um balão de fundo redondo de 500 ml misturar 10 ml de salicilato de metila com 100 ml de NaOH (20%). Adaptar o balão ao condensador de bolas e refluxar a mistura por 15 minutos. Em seguida, resfriar a mistura em banho de gelo e acidificar com 120 ml de solução de ácido sulfúrico (20%). Resfriar novamente o balão e filtrar o precipitado em um funil de Büchner conectado a um trompa de água. Em seguida, lavar com água gelada (~150 ml).

Em seguida, prosseguir com a recristalização do ácido salicílico.

Dissolver o ácido salicílico sintetizado em 500 ml de água em ebulição (aquecido em bico de Bunsen) e aquecer até dissolver completamente o precipitado. Deixar a solução resfriar lentamente para a formação dos cristais de ácido salicílico. Filtrar o precipitado em um funil de Büchner e secar o precipitado à temperatura ambiente, em vidro de relógio. Pesar e calcular o rendimento.

Prática **QO-3**:
Síntese e recristalização de ácido acetilsalicílico

OBJETIVO

Preparar ácido acetilsalicílico (aspirina).

BASES TEÓRICAS

Assuntos relacionados: ácidos carboxílicos – método de obtenção; reação de acetilação.

PROCEDIMENTO EXPERIMENTAL

Em um Becker de 250 ml, adicionar 5 g de ácido salicílico, 10 ml de anidrido acético e 1 ml de ácido sulfúrico concentrado (adicionar o ácido na capela). Agitar a mistura suavemente. A temperatura da mistura se elevará, permanecendo assim por, aproximadamente, 15 minutos. Após este período, a temperatura diminui, e então, adicionam-se 50 ml de água destilada fria. Agitar a mistura e, em seguida, recolher os cristais em um funil de Büchner.

Em seguida, prosseguir com a recristalização do ácido acetilsalicílico (aspirina).

Dissolver o precipitado em 20 ml de álcool etílico em um Becker de 125 ml e aquecer a solução alcoólica em banho-maria. Quando o precipitado tiver dissolvido completamente, adicionar 50 ml de água destilada morna (50 °C). Se houver formação de cristais neste ponto, aquecer levemente o Becker até que eles se dissolvam. Deixar a solução esfriar com a boca do Becker coberta com um vidro de relógio. Recuperar os cristais por filtração a vácuo (em funil de Büchner), lavá-los três vezes com 20 ml de água gelada e secar os cristais à temperatura ambiente. Pesar o produto recristalizado e calcular o rendimento da síntese após a recristalização.

TESTE DA PRESENÇA DE ÁCIDO SALICÍLICO

O ácido salicílico, como a maioria dos fenóis, forma um complexo altamente colorido com cloreto férrico (íon Fe^{3+}). A aspirina, que tem este grupo acetilado, não reage. Assim, a presença dessa impureza no final da reação é facilmente verificada.

Após calcular o rendimento da síntese, testar a aspirina sintetizada, solubilizar uma pequena parte do material em etanol 70%. Em seguida, colocar 1 ml da solução em um tubo de ensaio e adicionar algumas gotas do cloreto férrico. Usar uma solução de ácido salicílico como controle.

QUESTÕES

1. Quais os mecanismos das reações que ocorreram durante as sínteses?
2. Qual o rendimento teórico, esperado em mols e porcentagem, e o rendimento experimental obtido?
3. Discutir as vantagens do processo de recristalização.

Prática **QO-4**:
Reações para as diferentes funções orgânicas

1. ALCOÓIS

Colocar amostras de 0,5 ml de alcoóis *n-butílico*, *butanol-2* e *terc-butílico* em tubos de ensaio separados. A cada tubo, junte 3 ml de reagente de Lucas (cloreto de zinco em ácido clorídrico concentrado) e agite os tubos. Anotar o tempo necessário para o aparecimento de turbidez, indicativo da presença de uma segunda camada líquida (formação de cloreto de alquila insolúvel). Escreva as reações para cada álcool. Que conclusões podem ser obtidas, considerando-se a facilidade com que cada classe de álcool sofre a reação de substituição?

Resultado e discussão:

2. ALDEÍDOS E CETONAS

1. A 3 ml de 2,4-dinitro-fenilhidrazina junte 10 gotas de propionaldeído, aqueça a mistura a 60 °C e deixar à temperatura ambiente por 15 minutos. Repetir a experiência usando acetona. O que você observa? Escreva as reações que ocorreram.
   Resultado e discussão:

2. À 2 ml do reagente de Benedict, em um tubo de ensaio, junte 2 gotas de propionaldeído e aqueça a mistura até ferver. Repita a experiência com acetona. O que você observa?
   Resultados e discussão:

3. ÁCIDOS CARBOXÍLICOS

Coloque 1 ml de ácido acético, 1 ml de álcool amílico e 5 gotas de ácido sulfúrico concentrado em um tubo de ensaio. Aqueça a mistura à ebulição por um minuto. Torne a solução alcalina com NaOH e observe o odor. Escreva a equação da reação. Por que o odor aparece após a adição do NaOH?

Resultados e discussão:

4. ÉSTERES

Colocar 1 ml de acetato de etila e 3 ml de NaOH (10%) em um tubo de ensaio. Note a presença de dois líquidos não miscíveis. Agite o tubo brandamente por 2 minutos. Observe se ocorre variação na temperatura da solução. Anote se as duas camadas permanecem separadas. Escreva a equação para a reação.

Resultados e discussão:

5. AMINAS

Coloque 5 ml de água em cada um dos tubos de ensaio. Ao primeiro tubo, junte algumas gotas de n-butilamina; ao segundo tubo, dietilamina. Em seguida, verifique o pH das soluções com papel tornassol vermelho.
Resultados e discussão:

6. AMINAS AROMÁTICAS

1. Coloque duas gotas de anilina em 2 ml de etanol e junte 2 gotas de fenolftaleína. Repita o teste, usando n-butilamina em lugar de anilina. O que se pode concluir sobre a basicidade relativa destas aminas?
2. Coloque 20 gotas de anilina em 1 ml de água, junte gotas de HCl concentrado até dissolver anilina e observe se há variação da solubilidade. Junte 2 ml de NaOH (10%) à solução ácida. Anote quais variações ocorreram. Escreva as reações.
Resultados e discussão:

7. AMIDAS

Coloque 0,5 g de acetamida em 5 ml de água e junte 2-3 gotas de HCl concentrado. Agite o tubo e junte uma pequena quantidade de nitrito de sódio. Anote a evolução de um gás. Escreva a equação para a reação.
Resultados e discussão:

REAGENTES E SOLUÇÕES

Solução de cloreto férrico: cloreto férrico 3% em água com gotas de HCl concentrado.

Reagente de Lucas: Dissolver 136 g (1 mol) cloreto de zinco anidro em 88,53 ml (105 g) de HCl concentrado em gelo.

Reagente de Benedict: (Análises qualitativas)

Composição
1. Citrato de sódio   17,3 g
2. Carbonato de sódio   10 g
3. Sulfato de cobre   17,3 g
4. Água destilada   100 ml

MODO DE PREPARO

Solução A: Após pesar os reagentes, dissolver o citrato de sódio e carbonato de sódio em 80 ml de água destilada morna. Homogeneizar com bagueta até a dissolução total dos sais. Filtrar em papel de filtro e completar o volume para 85 ml.

Solução B: Dissolver sulfato de cobre em 15 ml de água destilada até a dissolução total do sal. Verter lentamente 2 ml da solução B em 8 ml solução A, sempre agitando com a bagueta. Completar o volume para 100 ml.

Observação: Preparar a solução imediatamente antes do uso. **Solução instável**.

Prática QO-5:
Caracterização de carboidratos e aminoácidos

CARBOIDRATOS
MATERIAIS

1. glicose (180,16)
2. frutose (180,16)
3. sacarose (360,32)
4. maltose (360,32)
5. amido
6. dextrina
7. celulose (algodão)
8. aspartame comercial[1]
9. estévia líquida
10. ácido sulfúrico conc. (34 N)
11. -naftol
12. etanol
13. resorcinol
14. sulfato de cobre penta hidratado (249,68)
15. citrato de sódio (294,1)
16. carbonato de sódio (106)
17. iodo (126,9)
18. iodeto de potássio (166)
19. ácido clorídrico conc. (12 N)
20. hidróxido de sódio (40)

REAGENTES E SOLUÇÕES

1. **Solução de Lugol**: iodo 5% em iodeto de potássio 10%.

2. **Reagente de Molish**: solução de alfa-naftol 5% em etanol.

3. **Reagente de Benedict**: citrato de sódio 20%; carbonato de sódio 2 M; sulfato de cobre 2%.
   Dissolver o citrato de sódio e o carbonato de sódio em aproximadamente 800 ml de água destilada morna. Filtrar (papel de filtro) em um cilindro de 1 l e completar o volume para 850 ml.
   À parte, dissolver o sulfato de cobre em aproximadamente 100 ml de água destilada e completar o volume para 150 ml. Colocar a primeira solução em um Becker de 2 l e adicionar lentamente a solução de sulfato de cobre, com agitação constante.

---

1 Produto comercializado em envelopes (Asp-Phe-OMe – 800 mg), cuja composição é: aspartame 4,75% (38 mg/800 mg); excipiente 95,25%.

4. **Preparo da solução de amido 0,1%** – 500 ml
Suspender o amido (0,5 g) em aproximadamente 20 ml de água destilada. Adicionar essa suspensão a 400 ml de água destilada (recentemente fervida) sob agitação constante com auxílio de um bastão de vidro. Deixar esfriar e acertar o volume com água destilada fria.

5. **Reagente de Selivanoff**: resorcinol (1,3-benzenodiol) 0,05% em HCl 2 M

6. "**Aspartame comercial**" (aspartame 1,9 mg/ml)
Dissolver o conteúdo de um envelope de aspartame comercial (800 mg) em 20 ml de água destilada. Agitar bem para dissolver.

7. NaOH 0,5 M

8. Ácido sulfúrico (H_2SO_4)

9. Glicose 0,1 M

10. Frutose 0,1 M

11. Sacarose 0,1 M

12. Amido 0,1%

AMINOÁCIDOS
REAGENTES E SOLUÇÕES

1. solução de ninhidrina (reação corada): ninhidrina 1% em etanol
2. solução de -naftol (reação de Sakaguchi): -naftol 1% em etanol
3. vermelho de cresol
4. glicina - Gly (75): 10 mM
5. leucina - Leu (131): 10 mM
6. prolina Pro (115): 10 mM
7. tirosina Tyr (181)
8. arginina Arg (174)
9. fenilalanina Phe (165)
10. aspartame comercial 0,19%
11. albumina 0,1% e 0,5% em NaCl 0,15 M
12. hipoclorito de sódio (NaOCl), comercializado em soluções aproximadamente 10%, como água sanitária, por exemplo Cândida
13. hidróxido de sódio NaOH (40): 2,5 M
14. ácido clorídrico HCl: 1,0 M

1. Carboidratos
1.1 REAÇÃO DE MOLISCH

BASES TEÓRICAS

Os hidratos de carbono podem ser identificados por meio de várias reações. No caso de algumas dessas reações, e que envolvem a formação de complexos corados, a especificidade da identificação depende da estrutura dos hidratos de carbono. Assim, há reações mais gerais, e outras mais específicas, como as reações para aldoses, cetoses, mono e dissacarídeos redutores etc.

Carboidratos, na presença de H_2SO_4, reagem com α-naftol, formando compostos de condensação, de cor violeta, e de estrutura incerta (outras substâncias que também se transformam em furfural ou seus derivados podem sofrer essa reação).

A seguir estão representadas as reações de formação de furfural e de hidroximetilfurfural, respectivamente a partir de uma pentose e de uma hexose.

PROCEDIMENTO EXPERIMENTAL

Preparar os seguintes tubos de reação (tubos de vidro de 15 ml):

Tubo n°	Amostra (concentração)	Volume (ml)	R. Molish (gotas)	Resultado
1	água	1,0	2	
2	glicose (0,1 M)	1,0	2	
3	frutose (0,1 M)	1,0	2	
4	sacarose (0,1 M)	1,0	2	
5	amido (0,1%)	1,0	2	
6	dextrina (0,1%)	1,0	2	
7	aspartame comercial (0,19%)	1,0	2	
8	estévia líquida	1,0	2	

Adicionar lentamente pela parede do tubo, sem agitar, 2 ml de H_2SO_4 concentrado em cada tubo.

Anotar os resultados, usando o tubo 1 (branco, controle) como referência.

1.2. REAÇÃO DE SELIVANOFF PARA IDENTIFICAÇÃO DE CETOSES

BASES TEÓRICAS

Em presença de HCl, as cetoses reagem mais rapidamente do que as aldoses, formando derivados de furfural que se condensam com o reagente de Selivanoff (resorcinol 1,3-benzodiol), produzindo compostos corados avermelhados. A reação exige aquecimento em banho fervente, e é positiva também para sacarose, que, nas condições do teste, é hidrolisada em glicose e frutose. Mesmo a glicose pode resultar em reação positiva, se o aquecimento for prolongado, porque na presença de HCl ocorre a sua transformação em frutose. A concentração do HCl na reação não deve ultrapassar 12% (aproximadamente 4 M).

A reação que ocorre é a seguinte:

$$\text{Cetose} + \text{HCl} \xrightarrow[\text{desidratação}]{\text{aquecimento}} \text{Furfural}$$

PROCEDIMENTO EXPERIMENTAL

Usar tubos de vidro (15 ml):

Tubo nº	Amostra (conc.)	Volume (ml)	R. Selivanoff (ml)	Resultado
1	água	0,5	3	
2	frutose (0,1 M)	0,5	3	
3	glicose (0,1 M)	0,5	3	
4	sacarose (0,1 M)	0,5	3	
5	maltose (0,1 M)	0,5	3	

Após misturar o conteúdo dos tubos, colocar em banho de água fervente e acompanhar o desenvolvimento da cor, até no máximo 15 minutos.

1.3 REAÇÃO DE BENEDICT (reação de redução)

BASES TEÓRICAS

Essa reação destina-se à identificação de açúcares redutores.

Íons de metais como cobre, prata, ferro, mercúrio etc., são reduzidos por grupos -OH glicosídicos livres de vários hidratos de carbono. Colocando-se hidróxido de cobre II (azul) em meio alcalino, forma-se uma suspensão que, sob aquecimento, se precipita como óxido de cobre II (preto). Mas se compostos redutores forem acrescentados à suspensão, o $Cu(OH)_2$ é reduzido a óxido de cobre I que se precipita e cuja cor se situa entre o amarelo e o vermelho. As reações a seguir mostram o que ocorre com o $Cu(OH)_2$ na presença e na ausência de agentes redutores, em meio alcalino e a quente.

Ausência de composto redutor:

$$\underset{\text{Azul}}{Cu(OH)_2} \xrightarrow[\text{aquecimento}]{\text{meio alcalino}} \underset{\text{Preto}}{CuO} + H_2O$$

Presença de composto redutor:

$$\underset{\text{Azul}}{Cu(OH)_2} \xrightarrow[\text{aquecimento}]{\text{meio alcalino}} \underset{\text{Preto}}{CuO} + \text{produtos de degradação de carboidratos}$$

Como não é prático utilizar uma suspensão de Cu^{2+}, e também para se evitar que o CuO (preto) mascare o resultado da reação, acrescenta-se ao meio da reação um composto orgânico solubilizador que, em meio alcalino adequado, reage com os íons metálicos, formando um complexo iônico solúvel. Esse complexo se dissocia em grau suficiente para que haja, no meio de reação, íons metálicos disponíveis para se reduzirem. No caso do reagente de Benedict (qualitativo), emprega-se $CuSO_4$ 2% solubilizado por citrato de Na^+ 20%, em meio de Na_2CO_3(2 M).

Os testes de carboidratos redutores são positivos para compostos com grupamento —OH glicosídico livre, mas negativos para polímeros de cadeias longas. Assim, o amido não resulta em reação positiva, a não ser após sua hidrólise, e a reação é tanto mais positiva quanto maior a extensão da hidrólise.

Até há alguns anos atrás, o teste de substâncias redutoras, sobretudo na urina, era empregado no atendimento de pacientes portadores de diabetes, ou sob suspeita de serem, de modo rotineiro. Atualmente, há testes mais sensíveis e específicos para dosagem rápida de glicose, baseados em ensaio enzimático (glicofita/glicose-oxidase) e que são muito mais práticos.

PROCEDIMENTO EXPERIMENTAL

Identificação de substâncias redutoras com reagente de Benedict (qualitativo) – usar tubos de vidro (15 ml):

Tubo n°	Amostra	Volume (ml)	R. Benedict (ml)	Resultado
1	água	1,0	1,0	
2	glicose (0,1 M)	1,0	1,0	
3	frutose (0,1 M)	1,0	1,0	
4	sacarose (0,1 M)	1,0	1,0	
5	amido (0,1%)	1,0	1,0	
6	aspartame comercial (0,2%)	1,0	1,0	

Aquecer todos os tubos em banho de água fervente, durante 5 minutos. Anotar os resultados obtidos em comparação com o tubo 1 (controle).

2. AMINOÁCIDOS

BASES TEÓRICAS

Os aminoácidos são compostos que apresentam a fórmula geral:

$$R-\underset{\underset{NH_2}{|}}{\overset{\overset{H}{|}}{C}}-C\underset{OH}{\overset{O}{\diagup}}$$

São as unidades formadoras das proteínas.

Nas proteínas, são encontrados 20 aminoácidos diferentes, isto é, 20 cadeias laterais (R) diferentes. Todos os aminoácidos apresentam, portanto, pelo menos dois tipos de grupos funcionais ($-NH_2$ e $-COOH$); suas cadeias laterais podem conter também estes ou outros grupos funcionais, que, de acordo com os respectivos valores de pK e do pH do meio, podem ou não estar ionizados. A solubilidade dos aminoácidos depende, entre outros fatores, dessa ionização.

O ponto isoelétrico (pI) de um aminoácido é definido como o pH em que ele apresenta igualdade de carga negativa e positiva; nesse pH o aminoácido é um dipolo e apresenta carga zero.

A presença de um aminoácido é detectada facilmente por sua reação com ninidrina. Algumas cadeias laterais apresentam reações químicas específicas, que permitem a sua identificação, como é o caso da arginina (reação de Sakaguchi).

Um método fácil para a separação e identificação de aminoácido é a cromatografia, na qual ela é conseguida sempre por comparação com padrões. Existem diversos métodos cromatográficos e estes são baseados em diferentes propriedades apresentadas pelos aminoácidos, não se restringindo, entretanto, apenas a esse tipo de composto.

IDENTIFICAÇÃO DE AMINOÁCIDOS

2.1 REAÇÃO DE NINHIDRINA

A ninhidrina (hidrato de triceto-hidrindeno) é um composto heterocíclico que forma um derivado corado, após reagir com o aminogrupo dos aminoácidos.

Ninhidrina   Ninhidrina reduzida

Ninhidrina
Ninhidrina reduzida $+ NH_3$ →

Colorido azul-violeta

O derivado corado dos aminoácidos tem cor violácea ou purpúrea, exceto o derivado da prolina, que é amarelado. A cor tende a desaparecer, por oxidação pelo oxigênio do ar. A reação de ninhidrina pode ser obtida com aminoácidos em solução, ou sobre superfícies como papel ou sílica gel.

A ninhidrina reage igualmente com peptídeos de cadeia relativamente curta, e o princípio da reação é o mesmo da reação com aminoácidos. Polipeptídeos extensos e proteínas não dispõem de número suficiente de amino grupos para reagirem com ninhidrina, e, por esse motivo, não podem ser identificados por essa reação.

Alguns aminoácidos reagem com certos reagentes especiais, originando também derivados corados, como é o caso da arginina, mas como não são reações gerais para todos os aminoácidos, tais reações especiais não podem ser utilizadas com a mesma frequência com que se usa a reação de ninhidrina. Além disso, essas reações especiais não são quantitativas como a reação de ninhidrina, o que limita o seu emprego.

PROCEDIMENTO EXPERIMENTAL

Preparar uma bateria de 6 tubos de vidro, identificando-os apropriadamente:

Tubo (nº)	Amostra	Concentração	Volume (ml)	Ninidrina (gotas)	Resultado
1	água	--	1,0	4	
2	glicina	10 mM	1,0	4	
3	prolina	10 mM	1,0	4	
4	leucina	10 mM	1,0	4	
5	aspartame comercial	0,19%	1,0	4	
6	albumina	0,1%	1,0	4	

Após adição de solução de ninhidrina 1% em etanol, aquecer os tubos em banho de água fervente, durante 2-3 minutos. Observar o desenvolvimento de cor em cada tubo em comparação com o tubo 1 (controle ou branco) e anotar o resultado obtido.

2.2 REAÇÃO CORADA ESPECÍFICA PARA ARGININA (reação de Sakaguchi)

BASES TEÓRICAS

A reação de Sakaguchi é específica para o grupo guanidina que faz parte da cadeia lateral de arginina. A reação é muito sensível, e positiva para soluções bastante diluídas de arginina. Contudo, não é possível usá-la para reações quantitativas, porque o composto formado com -naftol não é estável.

PROCEDIMENTO EXPERIMENTAL

Preparar os seguintes tubos, identificando-os corretamente:

Tubo nº	Amostra (conc.)	Vol. (ml)	NaOH (2,5 M) (ml)	-naftol (1%) (gotas)	NaOCl* (gotas)	Resultado
1	água	1,0	1,0	2	6	
2	Arg (10 mM)	1,0	1,0	2	6	
3	Gly (10 mM)	1,0	1,0	2	6	
4	Phe (10 mM)	1,0	1,0	2	6	
5	albumina (0,1%)	1,0	1,0	2	6	

*NaOCl = hipoclorito de sódio.

Adicionar os reagentes, misturar e observar a cor, usando o tubo 1 como controle. Notar que a cor desaparece em alguns minutos. O composto formado com o -naftol é instável. Anotar os resultados obtidos (positivos ou negativos).

2.3 SEPARAÇÃO E IDENTIFICAÇÃO DE AMINOÁCIDOS (cromatografia)

BASES TEÓRICAS

Cromatografia é um procedimento de separação de componentes de uma mistura, e não se aplica apenas a aminoácidos.

Essencialmente, a cromatografia envolve uma fase fluída, na qual a mistura, que interage com uma fase líquida, estacionária, contida em um suporte insolúvel (papel de filtro ou resina), está dissolvida. Dessa interação resulta uma distribuição das substâncias separáveis, entre a fase fluída e a fase estacionária, o que possibilita a separação dos componentes da mistura. A fase estacionária tem características químicas e físicas variáveis, e a fase fluida pode ser líquida ou gasosa.

Atualmente, o termo cromatografia não implica necessariamente envolvimento de compostos providos de cor. Mas, nas suas origens históricas, no começo do século XX, era vinculado à separação de pigmentos. Os componentes de uma dada mistura, seja ela qual for, uma vez separados, exigem a sua identificação ou detecção. Isto pode ser obtido por reações químicas (frequentemente reações coradas), análise espectrofotométrica, ensaios de atividade biológica, determinação de massa molecular etc.

Os parâmetros físico-químicos dos inúmeros tipos de cromatografia dependem, sobretudo, das características da fase sólida, que é habitualmente uma resina e de cuja propriedade depende o princípio básico de uma dada separação. A resina pode estar contida num recipiente especial, colunar e, por isso mesmo, chamado de coluna. A resina pode ainda dispor-se como uma camada aderida a uma superfície apropriada, de vidro ou outros materiais, e conhecida como camada delgada (*thin layer*). Na cromatografia em camada delgada, o princípio da separação se baseia na partição dos componentes de uma mistura, entre a fase estacionária e a fase móvel.

As resinas de troca iônica (*ion-exchange*) são resinas que, em condições adequadas de pH, apresentam grupos ionizáveis, capazes de interagir com íons de carga elétrica contrária. Tais resinas são comumente empregadas para separar aminoácidos que, por serem íons dipolares, em condições corretas de pH, encontram-se ionizados. O mesmo princípio se aplica também a peptídeos e proteínas.

Estes são apenas alguns exemplos de cromatografia, particularmente úteis para a separação de aminoácidos e alguns peptídeos. As aplicações da cromatografia não se limitam a laboratórios de pesquisa, pois é grande a sua aplicação na indústria farmacêutica, química, alimentícia etc.

2.3.1 CROMATOGRAFIA DE TROCA IÔNICA
PROCEDIMENTO EXPERIMENTAL

Uma solução "S" de aminoácidos (Arg, Asp, Gly e Phe 10 mM cada), em tampão fosfato de sódio 0,02 M, pH 7,0, será cromatografada em uma coluna de dimensões aproximadas (1 x 8 cm), de Amberlite CG 50H (resina com carga negativa) equilibrada em tampão fosfato de sódio 0,02 M, pH 7,0. A cromatografia será desenvolvida à temperatura ambiente. Cada grupo de alunos montará uma coluna de 1 ml de resina Amberlite CG 50H em uma seringa.

Montagem da coluna

1. Adicionar cuidadosamente, com auxílio de uma pipeta Pasteur, a suspensão de resina de troca iônica (1 ml), previamente equilibrada com tampão fosfato de sódio 0,02 M, pH 7,0, na seringa (fechada);
2. Deixar esta suspensão assentar, e abrir a seringa, deixando o excesso de tampão sair;
3. Repetir esse processo até que a resina esteja na altura desejada;
4. Lavar exaustivamente a resina com o tampão de equilíbrio (aproximadamente com cinco vezes o volume da coluna);
5. Manter o nível do tampão acima da superfície da resina.

PROCEDIMENTO EXPERIMENTAL

1. Marcar em 10 tubos de ensaio de vidro a altura correspondente a aproximadamente 2,0 ml, e identificá-los como A-1, A-2, A-3,..., A-10. Dispor os tubos ordenadamente em uma estante.
2. Remover o excesso de tampão de equilíbrio (fosfato de sódio 0,02 M, pH 7,0) do topo da coluna, usando para tanto uma pipeta Pasteur com uma cânula de polietileno na ponta (cânula de proteção), deixando

apenas uma película líquida no topo e mantendo a saída da coluna fechada.

3. Aplicar ao topo da seringa 1 ml da solução "S"; abrir a saída da seringa para permitir a entrada de todo o volume da amostra, e coletar o eluato no tubo A-1.

4. Fechar a saída da seringa.

5. Encher o topo da seringa com o tampão de equilíbrio (fosfato de sódio 0,02 M, pH 7,0), no mesmo tubo A-2 colocado junto à saída, abrir novamente a seringa, coletar 2 ml de efluente. Observar com atenção o desenvolvimento da cromatografia, colocando mais tampão de equilíbrio no topo da seringa, que não deve secar.

6. Prosseguir a cromatografia, coletando as frações A-3 a A-4.

7. Após ter coletado a fração A-4, fechar a saída da seringa, retirar cuidadosamente o tampão do topo da coluna.

8. Em seguida, colocar o tampão fosfato de sódio 0,2 M, pH 7,0 (tampão dez vezes mais concentrado!), e coletar as frações A-5 a A-11, sempre com o mesmo tampão fosfato de sódio 0,2 M.

9. As frações obtidas na cromatografia (A-1 a A-11) serão utilizadas em testes de ninhidrina e reação de Sakaguchi seguindo procedimento já descrito.

Preparar uma bateria de 12 tubos de vidro, identificando-os apropriadamente:

Tubo nº	Amostra	Volume (ml)	Ninidrina (gotas)	Resultado
1	água	1,0	4	
2	A1	1,0	4	
3	A2	1,0	4	
4	A3	1,0	4	
5	A4	1,0	4	
6	A5	1,0	4	
7	A6	1,0	4	
8	A7	1,0	4	
9	A8	1,0	4	
10	A9	1,0	4	
11	A10	1,0	4	
12	A11	1,0	4	

Após adição de solução de ninhidrina 1% em etanol, aquecer os tubos em banho de água fervente, durante 2-3 minutos. Observar o desenvolvimento de cor em cada tubo em comparação com o tubo 1 (controle ou branco) e anotar o resultado obtido.

Preparar os seguintes tubos, identificando-os corretamente:

Tubo n°	Amostra	Vol. (ml)	NaOH (2,5 M) (ml)	-naftol (1%) (gotas)	NaOCl* (gotas)	Resultado
1	água	1,0	1,0	2	6	
2	A1	1,0	1,0	2	6	
3	A2	1,0	1,0	2	6	
4	A3	1,0	1,0	2	6	
5	A4	1,0	1,0	2	6	
6	A5	1,0	1,0	2	6	
7	A6	1,0	1,0	2	6	
8	A7	1,0	1,0	2	6	
9	A8	1,0	1,0	2	6	
10	A9	1,0	1,0	2	6	
11	A10	1,0	1,0	2	6	
12	A11	1,0	1,0	2	6	

*NaOCl = hipoclorito de sódio.

Adicionar os reagentes nos tubos, misturar e observar a cor, usando o tubo 1 como controle. Notar que a cor desaparece em alguns minutos. O composto formado com o -naftol é instável. Anotar os resultados obtidos (positivos ou negativos).

Maria Luiza Vilela Oliva
Guacyara da Motta

AULAS PRÁTICAS

BIOQUÍMICA
(BQ)

Prática **BQ-1**:
Extração e purificação de proteínas

OBJETIVOS

- Conhecer os principais métodos de purificação de proteínas.
- Entender como se estabelece um esquema de purificação de proteí-nas.
- Utilizar as propriedades de uma proteína para estabelecer o esquema de sua purificação.

BASES TEÓRICAS
INTRODUÇÃO

Para entender como uma proteína funciona em um organismo, geralmente é necessário separá-la de outras proteínas, bem como de outros compostos, presentes no tecido ou na célula. A purificação de proteínas é, portanto, um procedimento comumente usado em bioquímica.

As proteínas são macromoléculas, isto é, moléculas razoavelmente grandes (menores do que o DNA, mas muito maiores que os compostos comumente estudados em química orgânica).

Existe uma estreita relação entre a forma (estrutura tridimensional) e a função das proteínas. Em geral, se a forma nativa da proteína for modificada ou perdida, a função também será modificada ou perdida. Essa estrutura tridimensional das proteínas é mantida, em grande parte, por ligações não covalentes, que podem se romper facilmente. Portanto, quando se trabalha com proteínas é importante ter em mente que é necessário evitar que a estrutura tridimensional seja perdida, o que nem sempre é fácil.

Quando se trabalha com proteínas celulares, é necessário romper a estrutura celular para liberar as proteínas das células. Esse processo pode apresentar dois efeitos colaterais indesejados: (1) o rompimento da célula geralmente envolve atrito e calor, que podem danificar as proteínas; (2) as células contêm proteases, que podem ser liberadas e podem quebrar a proteína de interesse.

Para se conseguir purificar uma proteína, é necessário conhecer suas propriedades, para que se possa usar alguma característica que a diferencie das demais proteínas presentes na mistura. Essa diferença pode ser bem pequena, e muitas vezes o estabelecimento de um esquema de purificação pode ser desafiador e empírico, resultando de "tentativa e erro".

A tabela a seguir mostra algumas propriedades das proteínas que podem ser usadas em sua purificação, e alguns métodos que tiram vantagem dessas propriedades. Esses métodos serão discutidos a seguir, e realizados nos experimentos práticos.

Propriedade	Técnica
Localização na célula ou no tecido	Ultrassom ou maceração para preparar o extrato bruto; centrifugação
Solubilidade	Precipitação com sulfato de amônio ou com solventes orgânicos
Carga	Cromatografia de troca iônica ou eletroforese
Hidrofobicidade	Cromatografia de interação hidrofóbica
Tamanho	Cromatografia de gel-filtração
Função	Cromatografia de afinidade
Estabilidade	Efeito da temperatura, do pH, da força iônica

PREPARAÇÃO DO EXTRATO QUE CONTÉM A PROTEÍNA DE INTERESSE

A fonte de uma proteína é geralmente um tecido (animal ou vegetal) ou uma célula bacteriana. A primeira etapa da purificação é sempre quebrar essa célula ou esse tecido, liberando a proteína em uma solução chamada "extrato bruto". Em alguns casos, é necessário centrifugar para separar frações subcelulares ou para isolar organelas específicas.

PRECIPITAÇÃO COM SOLVENTES ORGÂNICOS OU COM SULFATO DE AMÔNIO

Geralmente as primeiras etapas de purificação fazem uso das diferenças de solubilidade de proteínas, as quais resultam de uma função complexa de pH, temperatura, concentração de sais e constante dielétrica do meio. Além disso, as amostras de proteínas comumente contêm substâncias que interferem nas etapas subsequentes de purificação. Existem várias estratégias para remover esses contaminantes, sendo uma delas a adição de compostos que levem a proteína a precipitar. O precipitado é coletado por centrifugação, e os contaminantes indesejados ficam dissolvidos no sobrenadante. A proteína é, em seguida, dissolvida em solução tamponada, compatível com a etapa seguinte do processo de purificação.

A precipitação apresenta a vantagem de permitir também a concentração da amostra de proteína. Uma desvantagem é que as proteínas podem desnaturar, tornando difícil a ressuspensão do *pellet*. Além disso, uma única precipitação pode não ser suficiente para remover todos os contaminantes indesejados. Nesse caso, pode ser realizada a precipitação repetida, mas deve-se lembrar que sempre ocorrerá perda, em certo grau, a cada etapa.

Um método comumente usado é a precipitação por solventes miscíveis com água, como acetona, metanol ou etano, que diminuem a constante dielétrica do meio. A adição desses solventes diminui a capa de solvatação das moléculas de proteína, porque o solvente orgânico desloca progressivamente a água da superfície da proteína e para camadas de solvatação em torno das moléculas orgânicas. Com capas de solvatação menores, as proteínas podem agregar por atração eletrostática.

Alguns pontos importantes que devem ser considerados para evitar desnaturação da proteína são: temperatura (abaixo de 0 °C), pH e a concentração de proteínas na solução.

Outro método comumente usado para precipitar proteínas é o *salting out*. A adição de um sal neutro, como sulfato de amônio, diminui a capa de solvatação e aumenta as interações proteína–proteína. À medida que a concentração de sal na solução aumenta, as cargas da superfície da proteína passam a interagir com o sal, não com a água, e a proteína sai da solução (precipita). Menos água fica na camada de solvatação da proteína, expondo sítios hidrofóbicos na superfície da molécula, permitindo agregação e precipitação.

A adição de sulfato de amônio – $(NH_4)_2SO_4$ – na quantidade correta pode precipitar seletivamente certas proteínas, enquanto outras são mantidas em solução. Esses processos são chamados de *salting in* (em solução) e *salting out* (precipitação). Além disso, a precipitação com $(NH_4)_2SO_4$ também permite a remoção de outras moléculas presentes no extrato bruto e que podem interferir com etapas subsequentes, ligando-se a colunas de cromatografia e impedindo seu funcionamento adequado.

A maioria das proteínas precipita em $(NH_4)_2SO_4$ entre 10% e 60% (a porcentagem é dada em relação a uma solução 100% saturada, que corresponde a aproximadamente 4 M). Portanto, as proteínas precipitam com $(NH_4)_2SO_4$ entre 0,4 M e 2,4 M.

Esse método permite uma purificação parcial simples da proteína: se a proteína de interesse precipita, por exemplo, com $(NH_4)_2SO_4$ 40%, muitas outras proteínas permanecerão em solução. A maioria das proteínas não sofre danos pela precipitação com $(NH_4)_2SO_4$, e elas podem ser depois ressuspensas em pequeno volume de tampão. Essa solução, entretanto, contém alta concentração de sal que, dependendo da etapa seguinte, deverá ser removido.

Dois métodos são comumente usados para remover o sal: diálise e cromatografia de gel-filtração.

DIÁLISE

Diálise é um procedimento que separa macromoléculas de moléculas pequenas e sais, tirando vantagem do grande tamanho dessas macromoléculas – proteínas, polissacarídeos e ácidos nucleicos.

A solução contendo a proteína de interesse é colocada em um tubo de membrana semipermeável, que é mergulhado em um volume muito maior de solução tamponada, com a força iônica desejada. A membrana permite a passagem de íons e moléculas pequenas, a favor do seu gradiente de concentração, mas não permite a passagem das proteínas. Assim, a diálise mantém as moléculas grandes dentro do tubo, ao mesmo tempo que permite que a concentração de íons e moléculas pequenas se equilibre com a solução externa à membrana.

Existem membranas de diálise de diferentes tamanhos e com poros também de diferentes tamanhos, permitindo que solutos de diferentes tamanhos sejam removidos.

PROCEDIMENTO EXPERIMENTAL
EXTRAÇÃO DE PROTEÍNAS DE SEMENTES DE SOJA (*GLYCINE MAX*) POR SOLUÇÃO DE CLORETO DE SÓDIO

1. Bater no liquidificador 10 g de cotilédone de soja (*Glycine max*) com 100 ml de solução de NaCl 0,07 M, por aproximadamente 5 minutos (esse procedimento será efetuado em conjunto e o extrato salino distribuído pelos grupos).
2. Filtrar em gaze (dobrada quatro vezes) e medir o volume.
3. Colocar o extrato em um Becker e aquecer por 10 minutos a 60 °C.
4. Centrifugar o extrato por 15 minutos a 3.500 rpm (aproximadamente $3.000 \times g$) a 4 °C.
5. Após a centrifugação, transferir cuidadosamente o sobrenadante obtido para outro Becker.
6. Reservar uma amostra de 5 ml, que deve ser devidamente etiquetada. Obs. A etiqueta deve conter:

> Nome da amostra
> Número do grupo
> Data
> Volume e A_{280}

7. Estimar a quantidade de proteínas do extrato bruto pela absorbância A_{280} após diluir apropriadamente a amostra.

Valor: _____ × _____ (diluição) = _____

PRECIPITAÇÃO CETÔNICA A 80%

1. Colocar 50 ml do extrato bruto em um Becker de 500 ml, mantido em gelo.
2. Adicionar vagarosamente a acetona 80% gelada, sob cuidadosa e lenta agitação (sempre em gelo).
3. Após a precipitação, deixar o material decantar por 30 minutos e, posteriormente, centrifugar a mistura a 3.500 rpm por 15 minutos, a 4 °C.
4. Desprezar o sobrenadante e deixar o precipitado secando, para eliminação total da acetona.
5. Ressuspender o precipitado formado com 10 ml de tampão Tris-HCl 0,05 M, pH 8,0.
6. Após homogeneização, centrifugar por 10 minutos a 3.500 rpm. Recolher o sobrenadante e acertar o pH e a condutividade para as condições do tampão de equilíbrio da resina de troca iônica que será utilizada posteriormente.

7. Medir o volume e determinar a estimativa do total de proteína extraída pela leitura por A_{280}. Para a leitura, diluir previamente uma amostra aproximadamente 50 vezes.

      Valor:_____×_____(diluição) =_____.

Armazenar uma amostra de 2 ml corretamente identificada.

8. Separar um volume que contenha 50 mg de proteína, que será utilizado na cromatografia.

QUESTÕES

1. Explique como ocorre a precipitação proteica com acetona.
2. Explique o princípio de solubilidade e de precipitação de uma solução proteica pela adição de sais.
3. Defina constante dielétrica de um meio. Qual o efeito da constante dielétrica elevada da água na solubilidade de sais?
4. Cite alguns métodos de separação de proteínas.
5. Por que a água é um bom solvente para compostos orgânicos polares? As pontes de hidrogênio têm alguma relação com essa propriedade?
6. Quais as propriedades das proteínas que devem ser consideradas para a sua purificação?
7. A precipitação isoelétrica é uma técnica que permite desproteinizar fluidos fisiológicos, na qual é necessário levar o pH do meio para o valor correspondente ao ponto isoelétrico (pI) da proteína que se deseja precipitar. Com base nos dados a seguir, determine:

Aminoácido	pK (α-COOH)	pK (α-NH$_2$)	pK (grupo R)
Cisteína	1,96	10,28	8,16
Glutamato	2,19	9,67	4,25
Alanina	2,34	9,69	-

  a. o pI de cada aminoácido;
  b. o pI de um tripeptídeo formado pela associação dos três aminoácidos relacionados, sendo que a cisteína seria o aminoácido amino terminal, e a alanina, o carboxi terminal;
  c. considerando que essa mesma proteína esteja presente na urina, e que o pH da urina seja em torno de 6,0, qual seria a carga dessa proteína nesse fluido fisiológico.

8. Sobre a espectrofotometria, é **correto** dizer que:
  a. as cubetas de vidro podem ser usadas nas análises na região do ultravioleta (UV).
  b. as cubetas de quartzo só podem ser usadas na região UV.
  c. substâncias com ligações duplas conjugadas (por exemplo: β-caroteno) só podem ser analisadas na região UV.
  d. a determinação do espectro de absorção de uma substância permi-

te ao pesquisador estabelecer qual é a região de trabalho (λ máximo) onde será maior a sensibilidade do método de análise.

e. as cubetas de quartzo podem ser substituídas por cubetas de plástico tanto para o trabalho na região de absorção visível quanto na região UV.

9. As suspensões puras de proteínas absorvem luz ultravioleta em comprimentos de onda de:

a. 215 nm (aminoácidos sulfurados) e 280 nm (ligações peptídicas).
b. 215 nm (ligações peptídicas) e 280 nm (aminoácidos aromáticos).
c. 215 nm (aminoácidos básicos) e 280 nm (aminoácidos ácidos).
d. 215 nm (aminoácidos alifáticos) e 280 nm (ligações peptídicas).
e. 215 nm (aminoácidos) e 280 nm (ligações peptídicas).

Prática **BQ-2**:
Cromatografia de troca iônica em DEAE-Sephadex

OBJETIVOS

- Estudar métodos cromatográficos comumente usados na purificação de proteínas e de outros compostos.
- Realizar purificação do extrato de sementes de soja por cromatografia de troca iônica.

BASES TEÓRICAS
MÉTODOS CROMATOGRÁFICOS

A maioria dos esquemas de purificação de proteínas inclui cromatografia. A cromatografia usa uma coluna de um material poroso sólido, e se baseia nas diferentes propriedades da proteína quanto a tamanho, carga, hidrofobicidade e afinidade por moléculas específicas. O material poroso sólido é mantido na coluna (**fase estacionária**), e uma solução tampão é percolada por ela (**fase móvel**). A solução contendo a proteína é colocada no topo da coluna, e percorre a matriz sólida, arrastada pela fase móvel. Diferentes proteínas migram mais rapidamente ou mais lentamente pela coluna, dependendo de suas propriedades. O processo se completa pela eluição (ou seja, remoção) das proteínas que se ligaram à coluna.

Descrevemos a seguir os métodos cromatográficos mais comuns.

CROMATOGRAFIA DE TROCA IÔNICA

Baseia-se nas diferenças de sinal e de magnitude da carga elétrica final de uma proteína, num dado pH. A matriz da coluna contém grupos carregados covalentemente ligados: se esses grupos ligados forem catiônicos, será um **trocador aniônico**; se forem aniônicos, será um **trocador catiônico**. A afinidade com que uma proteína se liga à coluna é afetada pelo pH e pela concentração iônica da solução. Geralmente, colunas de troca iônica começam com soluções de baixa força iônica, e as proteínas são eluídas pelo aumento gradativo da força iônica ou mudança do pH. Esse aumento pode ser feito passo a passo (*stepwise*) ou por um gradiente (linear, côncavo ou convexo) do sal ou do pH.

Figura 1 – Esquema geral de cromatografia em coluna, mostrando a fase estacionária (material poroso) e a fase móvel, uma solução que percorre a coluna.

CROMATOGRAFIA DE INTERAÇÃO HIDROFÓBICA

As proteínas que contêm aminoácidos com cadeias laterais hidrofóbicas, algumas das quais expostas na superfície da molécula, podem se ligar a moléculas hidrofóbicas. As colunas de interação hidrofóbica são produzidas pela ligação covalente de moléculas hidrofóbicas, como grupos **acil** ou **fenil**, à matriz, geralmente composta por polissacarídeos insolúveis.

O efeito hidrofóbico é mais forte em condições de força iônica alta. Por isso, o material a ser aplicado geralmente é aplicado à coluna de interação hidrofóbica em força iônica alta, e as proteínas são eluídas, diminuindo-se a força iônica (o oposto da troca iônica).

CROMATOGRAFIA DE GEL-FILTRAÇÃO

A cromatografia de gel-filtração, também chamada cromatografia de exclusão por tamanho ou gel-permeação, separa proteínas (ou outras macromoléculas) pelo **tamanho**. A fase estacionária é composta por pequenas esferas (*beads*) de polímeros que formam ligações cruzadas, gerando um material que contém poros ou cavidades de tamanho definido. Nesse método, as moléculas maiores são eluídas primeiro da coluna, porque não conseguem penetrar nos poros ou cavidades e, portanto, percorrem um caminho menor na coluna (só por fora das esferas). Proteínas e outras moléculas pequenas penetram nos poros, e sua eluição é retardada.

CROMATOGRAFIA DE AFINIDADE

Muitas proteínas são capazes de se ligar a outras moléculas, chamadas "ligantes". Exemplos são enzimas que se ligam a seu substrato, ou anticorpos que se ligam com seus antígenos. Na cromatografia de afinidade, as esferas (*beads*) da coluna são ligadas covalentemente a um ligante, e quando a mistura de proteínas é adicionada à coluna, qualquer proteína que tenha afinidade pelo ligante liga-se a ele, e sua migração pela coluna é retardada. Depois que as proteínas que não se ligam são lavadas da coluna, a proteína ligada é eluída por alta concentração de sal ou pelo ligante livre, que compete com o que está ligado à fase estacionária da coluna, liberando a proteína da matriz.

HPLC – *HIGH PERFORMANCE LIQUID CHROMATOGRAPHY*

Um refinamento moderno dos métodos cromatográficos é o HPLC, ou cromatografia líquida de alto desempenho. No HPLC são usadas bombas de alta pressão, que aceleram o movimento das proteínas pela coluna. É claro que também são necessários materiais que resistem a essas altas pressões. A redução no tempo de trânsito por uma coluna limita a difusão das bandas de proteína, e assim aumenta muito a capacidade de resolução do método.

ESTRATÉGIAS DE PURIFICAÇÃO DE PROTEÍNA

A abordagem para purificação de uma proteína que nunca foi purificada antes é um processo empírico, e muitas vezes várias estratégias são testadas, antes que se encontre a ideal. Erros podem ser minimizados pela adaptação de métodos descritos para a purificação de proteínas semelhantes. Na maioria dos casos, vários são usados em sequência, iniciando-se com métodos baratos, como *salting out*, quando os volumes são grandes, bem como o número de contaminantes. À medida que se avança, os volumes geralmente ficam menores, e métodos mais sofisticados e caros podem ser usados.

É interessante planejar a sequência das etapas de purificação. Por exemplo, é interessante usar uma precipitação com $(NH_4)_2SO_4$ antes de uma cromatografia de interação hidrofóbica, porque a alta concentração de $(NH_4)_2SO_4$ permite que as proteínas sejam aplicadas diretamente na coluna. Entretanto, caso se pretenda usar cromatografia de troca iônica, será necessário dialisar as amostras antes da coluna. Nesse caso, talvez seja mais interessante fazer precipitação das proteínas com metanol ou etanol, em vez do $(NH_4)_2SO_4$.

TAMPÕES

As proteínas, e especialmente as enzimas, são geralmente sensíveis a mudanças no pH da solução. Como já foi visto em Química Geral e Analítica (Prática QGA-5), um tampão é usado para resistir a mudanças na concentração de íons H^+ na solução (pH), embora também possam controlar a força iônica do meio. O tampão a ser usado depende:

- do pH do experimento e da faixa de pH em que aquele grupo apresenta capacidade tamponante;
- interação ou interferência com o sistema em estudo.

A equação de Henderson-Hasselbalch, que foi estudada anteriormente, é útil para calcular o pH teórico de uma solução e prever se determinado tampão será útil na faixa de pH desejada.

Quando se trabalha com proteínas, raramente é recomendado dissolvê-las em água. Geralmente é melhor dissolver no tampão apropriado ao que se pretende fazer na etapa seguinte.

PROCEDIMENTO EXPERIMENTAL

1. Colocar 5 ml de tampão de equilíbrio (Tris-HCl 0,1 M pH 8,0) no interior da coluna mantendo fechada a saída da coluna.
2. Adicionar lentamente a suspensão de DEAE-Sephadex à coluna, até o topo, e a seguir abrir lentamente a saída deixando o DEAE-Sephadex sedimentar na coluna. Continuar esse processo até que o volume de 5 ml de DEAE-Sephadex sedimentado seja atingido (*bed volume*).
3. Lavar a coluna com 20 ml do tampão de equilíbrio, mantendo-a sempre com o tampão até o topo. Medir o fluxo de tampão que sai da coluna em um tubo plástico graduado por 6 minutos, e então calcular o fluxo: ____ ml/min (ideal 1-1,3 ml/min).

4. Esperar que todo o tampão de equilíbrio penetre na coluna, e aplicar a amostra solubilizada do precipitado cetônico de semente de soja (50 mg de proteínas totais em A 280).
   OBS.: Caso o volume calculado para 50 mg de proteína total seja menor que 15 ml, completar com o tampão Tris-HCl 0,1 M pH 8,0 para o volume final de 15 ml.
5. Coletar frações de 2 ml em tubos de ensaios previamente numerados.
6. Logo após a entrada do material, adicionar o tampão de equilíbrio para remoção do material que não ligou a resina. Este procedimento é observado pela absorbância em 280 nm. **A leitura inferior a 0,05 indica que todo o material não ligado à resina foi removido. Após coleta de todo material não adsorvido, controlar o fluxo.**
7. Iniciar a eluição com tampão inicial acrescido de NaCl 0,15 M, coletando frações de 2 ml até que a leitura em A 280 seja inferior a 0,05.
8. Eluir as proteínas que se ligaram mais fortemente à resina com tampão inicial acrescido de NaCl 0,3 M, coletando frações de 2 ml até que a leitura em A 280 seja inferior a 0,05.
9. Ao final da eluição, lavar a resina com 20 ml da solução de NaCl 1,0 M e reequilibrar a coluna com 20 ml do tampão inicial.
10. Ler a absorbância das frações coletadas durante todo o processo a 280 nm.
11. Construir um gráfico:
    Volume (ml) × A 280.
    Reunir as frações de maior leitura, formando *pools*. Depois medir seu volume e sua absorbância.
    Pool Não Retido   Vol =_____ ml   A 280 =_____
    Pool R 0,15 M   Vol =_____ ml   A 280 =_____
    Pool R 0,3 M   Vol =_____ ml   A 280 =_____

12. Identificar esses *pools* e reservar alíquotas de 1 ml de cada um deles em recipientes etiquetados para dosagem de proteínas pelo Método de Bradford e para análise por eletroforese.

QUESTÕES

1. Defina cromatografia de troca iônica.
2. Quais as vantagens da utilização desta técnica para a purificação de proteínas?
3. Dê exemplos de cromatografia de troca iônica.
4. O que a sigla DEAE significa? Esquematize sua estrutura.
5. Sabendo que a proteína foi solubilizada em uma solução cujo pH é 7,0 e nesse pH apresenta carga positiva, qual seria a melhor maneira de separá-la de outras proteínas?
6. Sabendo-se que: (a) uma matriz insolúvel que tenha ligado grupos carregados negativamente será uma matriz trocadora de cátions, portanto aniônica; (b) uma matriz insolúvel que tenha ligado grupos carregados

positivamente será uma matriz trocadora de ânions, portanto catiônica; por que, nessa aula, a matriz insolúvel escolhida foi uma DEAE?

7. Observando a resina escolhida, você saberia dizer qual é a carga das proteínas que serão alvo de estudo nesse protocolo?

8. A eluição das moléculas retidas na coluna de troca iônica pode ocorrer por alteração do pH?

9. Seria possível eluir proteínas retidas em uma coluna de troca iônica do tipo catiônica apenas alterando a força iônica do tampão?

10. O que aconteceria se você alterasse o pH e a condutividade do tampão que está sendo usado para eluir proteínas em uma coluna de troca iônica do tipo aniônica?

Prática BQ-3:
Dosagem de proteínas

OBJETIVOS

- Rever os conceitos de concentração, espectroscopia e curva padrão.
- Aprender um método simples e comumente usado para dosar proteínas.

BASES TEÓRICAS

O ensaio de Bradford é um procedimento analítico espectroscópico desenvolvido por Marion M. Bradford[2], usado para medir a concentração de proteínas em uma solução. O ensaio se baseia na mudança de absorbância do corante Coomassie Brilliant Blue G-250, que, em condições ácidas, passa da forma vermelha ou verde para a forma azul em presença de proteínas.

A forma do corante ligada à proteína é a aniônica azul, que tem um espectro de absorção com pico em 595 nm. A forma não ligada é catiônica, verde ou vermelha. O aumento de absorbância a 595 nm é proporcional à quantidade de corante ligado e, portanto, à concentração de proteína presente na amostra.

Poucos contaminantes presentes na amostra interferem no ensaio de Bradford. Uma exceção é concentração alta de detergentes, como dodecil-sulfato de sódio (SDS), um detergente muito usado para extrair proteínas das células. Uma alta concentração salina também pode interferir.

Coomassie Brilliant Blue. Fonte: Wikipedia. Disponível em: <http://en.wikipedia.org/wiki/File:Coomassie_Brilliant_Blue_R-250.svg>. Acesso em: 18/6/2013.

2 BRADFORD, M. A rapid and sensitive method for the quantitation of microgram quantities of protein utilizing the principle of protein-dye binding. *Anal Biochem*, v. 72, p. 248-254, 1976.

Uma desvantagem desse método é que ele só é linear numa faixa estreita de concentração de proteína (0 a 2.000 μg/ml), de modo que diluições da amostra são frequentemente necessárias.

PROCEDIMENTO EXPERIMENTAL
PREPARO DO REAGENTE CBB

1. Dissolver o corante Coomassie Brilliant Blue G-250 (100 mg) em 50 ml de etanol 95%.
2. Adicionar 100 ml de ácido fosfórico 85% (p/v), mantendo a solução sob agitação constante. Ajustar o volume para 1 litro com água destilada.
3. Após 24 horas, filtrar a solução e guardar em frasco escuro. **Não agitar o frasco.**

CURVA PADRÃO

A partir da solução estoque concentrada (2,5 mg/ml) de albumina do soro bovino (BSA), preparar as diluições seriadas conforme o quadro a seguir:

Volume de BSA	Volume de diluente (água)	[final de BSA]
240 μl (estoque)	360 μl	1,0 mg/ml (A)
400 μl (A)	100 μl	0,8 mg/ml (B)
250 μl (B)	250 μl	0,4 mg/ml (C)
250 μl (C)	250 μl	0,2 mg/ml (D)
250 μl (D)	250 μl	0,1 mg/ml (E)

Obs.: Utilizar ponteira limpa para cada diluição e homogeneizar as amostras.

DILUIÇÕES DAS AMOSTRAS A SEREM TESTADAS

As amostras obtidas na aula prática anterior serão utilizadas para a dosagem de proteínas. Entretanto, algumas delas deverão estar apropriadamente diluídas:

- Extrato salino (20x)
- Precipitado cetônico (40x)
- Não retido DEAE (sem diluição)
- Pool 0,15 M (sem diluição)
- Pool 0,3 M (sem diluição)

Identificar os tubos apropriadamente em **duplicata** e, após a adição das amostras, **homogeneizar cuidadosamente com o corante, pois esse reagente pode manchar de azul as mãos, as roupas e outras superfícies.**

Homogeneizar o conteúdo dos tubos no vórtex. Após 10 minutos, medir a absorbância das soluções em espectrofotômetro no comprimento de onda de 595 nm. A cor é estável por um período de 60 minutos. Após a obtenção das leituras, construir um gráfico usando papel milimetrado (mg/ml BSA × A 595 nm) e, a seguir, calcular a concentração de proteínas presentes nas diferentes amostras.

Tabela de resultados

Tubos	Amostras	Vol. (ml)	CBB (ml)	A_{595}	A_{595}–Br	Conc. (mg/ml)
Branco (Br)	Água	0,05	2,5			
E	BSA 0,1 mg/ml	0,05	2,5			
D	BSA 0,2 mg/ml	0,05	2,5			
C	BSA 0,4 mg/ml	0,05	2,5			
B	BSA 0,8 mg/ml	0,05	2,5			
A	BSA 1,0 mg/ml	0,05	2,5			
1	Extrato salino (x)	0,05	2,5			
2	Prect. cetôn. (x)	0,05	2,5			
3	NR DEAE	0,05	2,5			
4	Pool 0,15 M	0,05	2,5			
5	Pool 0,3 M	0,05	2,5			

QUESTÕES

1. A partir de uma solução estoque de glicose com concentração de 100 mg/ml, qual seria o volume necessário dessa solução para obter-se uma concentração final de 27 mg/ml em um volume final de 500 μl?
2. A concentração de proteína presente em uma determinada amostra precisa ser calculada e, para isso, foi realizada uma curva padrão. A absorbância obtida da amostra extrapolou o último ponto da reta. A partir dessa informação, responda as seguintes questões:
   a. qual seria o melhor procedimento para determinar a concentração de proteína? Explique.
   b. qual seria o procedimento para obter uma amostra diluída dez vezes em um volume final de 1,0 ml?
3. Qual é a diferença na escolha dos métodos de determinação de proteínas (Bradford) ou absorbância a 280 nm na determinação da concentração de uma proteína?

4. A dosagem de glicose no sangue total foi realizada (após desproteinização) pelo emprego do Método de Folin-Wu e da espectrofotometria a 420 nm. Analise a curva padrão de glicose apresentada a seguir.

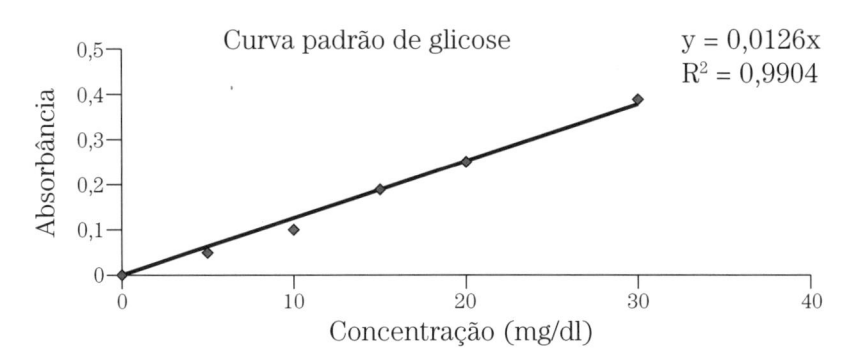

5. Com base nessa curva padrão, indique a glicemia de um paciente diabético cuja amostra (diluída 12,5 vezes durante o processo de preparação anterior à leitura no espectrofotômetro) gerou um valor de absorbância de 0,200:
   a. 308,9 mg/dl
   b. 201,6 mg/dl
   c. 420,0 mg/dl
   d. 198,4 mg/dl
   e. 250,0 mg/dl
6. Um determinado composto apresenta um máximo de absorção em 550 nm. Sabe-se que, nesse comprimento de onda, a Lei de Lambert-Beer é respeitada para concentrações entre 0,1 μmol/ml e 3,0 μmol/ml. Para uma concentração de 0,5 μmol/ml foi obtida uma absorbância de 0,30. A concentração de uma solução desse mesmo composto correspondente a uma absorbância de 0,75 é de:
   a. 2,00 μmol/ml
   b. 3,00 μmol/ml
   c. 1,25 μmol/ml
   d. 1,50 μmol/ml
   e. 1,75 μmol/ml

Prática **BQ-4**:
Eletroforese em gel de poliacrilamida com SDS (SDS-PAGE)

OBJETIVOS

- Analisar as proteínas presentes no extrato bruto, no precipitado cetônico e nas frações eluídas da coluna de troca iônica.

BASES TEÓRICAS

Depois que o processo de purificação da proteína está completo, a proteína resultante deve ser caracterizada quanto à sua pureza e às suas propriedades. Vários métodos podem ser usados para isso. O primeiro método é a eletroforese em gel de poliacrilamida[3] em presença de um detergente, o dodecilsulfato de sódio (SDS-PAGE).

$$CH_3—CH_2—CH_2—CH_2—CH_2—CH_2—CH_2—CH_2—CH_2—CH_2—CH_2—$$
$$—CH_2—SO_4^- \, Na^+$$

Dodecilsulfato de sódio (SDS)

Eletroforese é um processo no qual as moléculas a serem analisadas são submetidas a um campo elétrico, e separadas com base em suas diferentes mobilidades nesse campo. A velocidade de migração depende de alguns fatores: (a) a carga e a forma da molécula; (b) a força do campo elétrico; e (c) a resistência do meio à migração, influenciada por fatores como viscosidade, temperatura e pH. Para moléculas de formas e de relações carga–massa semelhantes, a velocidade de migração é proporcional ao tamanho da molécula.

Existem diversos tipos de eletroforese, como a eletroforese livre, desenvolvida na década de 1930, a eletroforese de zona, na qual a solução aquosa contendo a molécula é imobilizada numa matriz sólida ou suporte, a eletroforese de disco e a eletrofocalização ou focalização isoelétrica.

Uma forma de eletroforese de zona é a eletroforese em gel, na qual é usada uma matriz de moléculas grandes, sem carga. Para separação de proteínas, geralmente se usa gel de poliacrilamida, embora gel de agarose também possa ser usado. As amostras são tratadas com o detergente dodecilsulfato de sódio (SDS), o qual reveste as cadeias polipeptídicas de maneira que os grupos sulfatados carregados do SDS é que ficam expostos ao meio aquoso. Essas moléculas tratadas com SDS, quando submetidas à eletroforese em gel de poliacrilamida, migram com uma velocidade que varia de acordo com a massa molecular do complexo partícula-SDS.

A poliacrilamida é formada pela polimerização de monômeros de acrilamida, em presença de N,N'-metileno bis-acrilamida. A bis-acrilamida

3 LAEMMLI, U. K. Cleavage of structural proteins during the assembly of the head of bacteriophage T4. *Nature*, v. 227, p. 680-685, 1970.

contém duas duplas ligações, permitindo que o composto funcione como ponto de ramificação entre duas cadeias de acrilamida.

$$CH_2{=}CH{-}\underset{\underset{\text{Acrilamida}}{}}{\overset{\overset{\displaystyle O}{\|}}{C}}{-}NH_2 \qquad CH_2{=}CH{-}NH{-}CH_2{-}\underset{\underset{\text{N,N'-metileno bisacrilamida}}{}}{NH{-}\overset{\overset{\displaystyle O}{\|}}{C}{-}CH{=}CH_2}$$

A reação de polimerização é uma reação em série, que usa um mecanismo envolvendo radical livre, cuja formação é iniciada pelo composto instável persulfato de amônio.

$$\underset{\text{Persulfato de amônio}}{{}^-O{-}\overset{\overset{\displaystyle O}{\|}}{\underset{\underset{\displaystyle O}{\|}}{S}}{-}O{-}O{-}\overset{\overset{\displaystyle O}{\|}}{\underset{\underset{\displaystyle O}{\|}}{S}}{-}O^-} \qquad\qquad \underset{\text{Radical sulfato}}{{}^-O{-}\overset{\overset{\displaystyle O}{\|}}{\underset{\underset{\displaystyle O}{\|}}{S}}{-}O^-}$$

O radical sulfato formado reage com tetrametil-etilenodiamino (TEMED), formando radicais TEMED, que reagem com moléculas de acrilamida para iniciar a reação de polimerização propriamente dita.

$$H_3C{-}\underset{\underset{\displaystyle CH_3}{|}}{\overset{\overset{\displaystyle CH_3}{|}}{N}}{-}CH_2{-}CH_2{-}\underset{\underset{\displaystyle CH_3}{|}}{N}{-}CH_3$$

N,N,N′,N′-tetrametil-etilenodiamina (TEMED)

Variando-se a quantidade de monômero de acrilamida e de bis-acrilamida na solução, é possível preparar géis mais ou menos densos. Uma matriz mais densa é usada para separar moléculas menores, enquanto uma matriz menos densa, com poros maiores, é usada para moléculas maiores.

A tabela a seguir mostra as faixas de tamanhos moleculares em que géis de diferentes densidades são úteis.

Porcentagem de acrilamida	Faixa de peso molecular (Da)
7	30.000 a 200.000
10	20.000 a 150.000
12	10.000 a 100.000
15	5.000 a 70.000

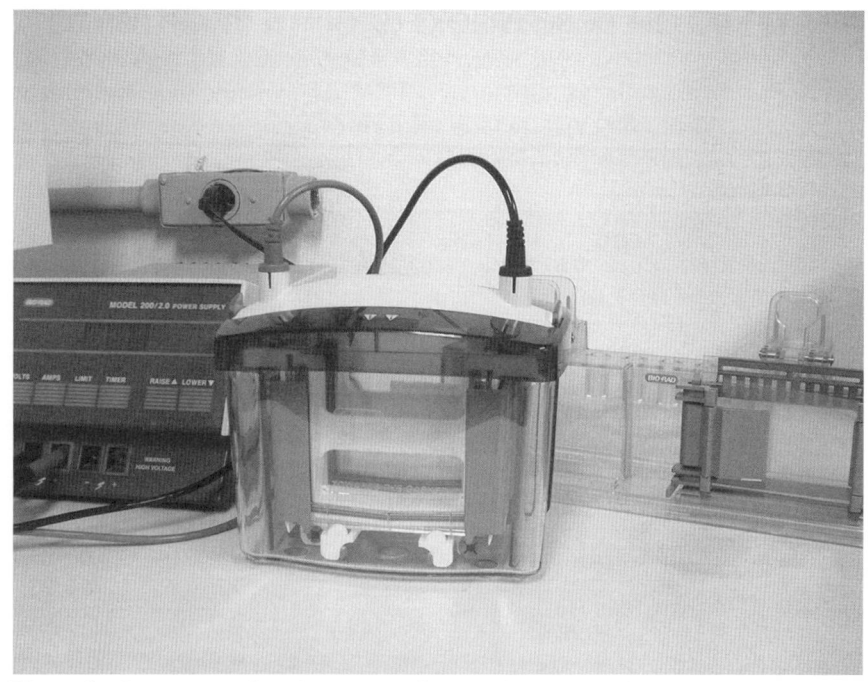

Figura 2 – Sistema para eletroforese vertical, com cuba para corrida, uma fonte de corrente contínua e acessórios.

PROCEDIMENTO EXPERIMENTAL
PREPARAÇÃO DAS PLACAS

- Lavar as placas de vidro de 1,0 mm com detergente, enxaguar com bastante água e, por último, com água destilada.
- Secar as placas com papel absorvente fino e limpar com etanol 70%.
- Montar as placas, com espaçadores e pente, no suporte.
- Marcar na placa a extremidade inferior do pente. Verificar, com água, se o sistema não está vazando.

SOLUÇÕES EMPREGADAS NO PREPARO DOS GÉIS DE SEPARAÇÃO E EMPILHAMENTO

- A. Solução de acrilamida 30% e bis-acrilamida 0,8%
- B. Tampão Tris-HCl 1,0 M, pH 8,8
- C. Solução de SDS 10% em água
- D. TEMED
- E. Solução de persulfato de amônio 200 mg/ml
- F. Tampão Tris-HCl 1,0 M, pH 6,8
- G. Tampão de amostra: Tris-HCl 75,3 mM, pH 6,8, contendo SDS 2%, glicerol 5%, ureia 400 mM e 0,01% azul de bromofenol

Observação: **Cuidado com a solução de acrilamida, que é uma substância neurotóxica. Usar luvas e óculos de proteção.**

PREPARO DO GEL DE SEPARAÇÃO (SEGUIR A TABELA ABAIXO)

Misturar as soluções A, B e C e, imediatamente antes de adicionar o gel às placas, adicionar o TEMED e a solução E. Adicionar a mistura até a altura da extremidade inferior do pente, e esperar a polimerização do gel à temperatura ambiente.

GEL	5%	7,5%	10%	12%	15%	17,5%
A (μl)	840	1.250	1.670	2.070	2.500	2.920
B (μl)	1.870	1.870	1.870	1.870	1.870	1.870
H_2O (μl)	2.240	1.830	1.410	1.080	580	160
C (μl)	50	50	50	50	50	50
TEMED (μl)	7,0	7,0	7,0	7,0	7,0	7,0
E (μl)	25,0	25,0	25,0	25,0	25,0	25,0
Vol. final (ml)	5	5	5	5	5	5

PREPARO DO GEL DE EMPILHAMENTO (OU DE CONCENTRAÇÃO, SEGUINDO A TABELA ABAIXO)

Seguir o mesmo procedimento do gel de separação, exceto que os volumes da tabela a seguir devem ser usados.

GEL	3%	5%
A (μl)	340	560
F (μl)	420	420
H_2O (μl)	2.475	2.250
C (μl)	30	30
TEMED (μl)	5	5
E (μl)	30	35
Vol. final (ml)	3,3	3,3

AMOSTRAS

- Durante o período de polimerização do gel, preparar as amostras, as quais devem conter 10 µg de proteína.
- Adicionar tampão de amostra (solução G) em volume final de 20 µl.
- Centrifugar as amostras, aquecer a 100 °C por 7 minutos e centrifugar novamente.

ELETROFORESE

- Montar o sistema de eletroforese na cuba, colocando as placas de vidro e o tampão de corrida.
- Adicionar o **tampão de corrida**: Tris-HCl 0,025 M pH 8,5 contendo glicina 0,165 M e SDS 0,1%.
- Aplicar as amostras aos poços e anotar a sequência das amostras.
- Ligar a fonte de corrente contínua, regulando a tensão para aproximadamente 100 V, e a corrente será por volta de 50 mA. Correr por 60-120 minutos, ou até que o corante marcador (azul de bromofenol) chegue ao final do gel.

Após a corrida, retirar os géis das placas com muito cuidado e mergulhar em solução de corante Coomassie Brilliant Blue R-250 por, pelo menos, 30 minutos, para fixar e corar as proteínas.

SOLUÇÃO DE CORANTE COOMASSIE BRILLIANT BLUE R-250

- 1,25 g de Coomassie (R250)
- 225 ml de metanol
- 225 ml de água
- 50 ml de ácido acético

Retirar o excesso de corante com **solução descorante** composta por:
- 435 ml de etanol
- 100 ml de ácido acético glacial
- 465 ml de água

Conservar o gel em solução de ácido acético 1%.
As massas moleculares das amostras são calculadas pelo gráfico do logaritmo das massas moleculares das proteínas pré-coradas, usadas como padrão, e a distância percorrida (função linear, medida em cm ou mm).

QUESTÕES

1. Qual é o princípio da técnica de eletroforese? Cite duas finalidades às quais a eletroforese em gel de poliacrilamida pode ser empregada.
2. Qual é a relação entre a concentração do gel e o tamanho da malha de polímeros formada no gel de poliacrilamida?
3. Descreva, de forma resumida, a relação que ocorre entre a poliacrilamida, o persulfato de amônio e o TEMED utilizados na preparação do gel.
4. A eletroforese de proteínas séricas é normalmente realizada em tampão 8,6. Sabendo-se que a albumina possui um pH 4,7 e que a fração γ-globulina apresenta pH 7,2, assinale a alternativa incorreta e justifique cada resposta:
   a. A albumina terá maior velocidade de migração do que a γ-globulina.

   b. A albumina migra mais do que a γ-globulina.
   c. Ambas as proteínas apresentarão carga líquida negativa.
   d. A γ-globulina terá baixa densidade de carga elétrica livre em pH 8,6 comparada à albumina.
   e. A albumina terá alta densidade de carga elétrica positiva em pH 8,6.
5. Com relação à técnica de SDS-PAGE é incorreto afirmar que:
   a. A poliacrilamida é um polímero de acrilamida e bis-acrilamida.
   b. Quanto maior a concentração do gel de separação, mais adequada será a separação das proteínas de baixa massa molecular.
   c. Os ditiotreitol (DTT) ou β-mercaptoetanol são reagentes redutores utilizados para separar as interações hidrofóbicas que existem nas proteínas.
   d. O uso de um detergente aniônico (dodecilsulfato de sódio – SDS) confere cargas negativas às proteínas e ajuda na separação por massa molecular.
   e. A acrilamida, não polimerizada, é um reagente neurotóxico, sendo necessária a adoção de medidas de biossegurança durante a sua manipulação.
6. Descreva o que deve ser considerado no preparo das amostras com relação ao tampão de amostra.

Prática **BQ-5**:
Cinética enzimática

BASES TEÓRICAS

A **tripsina** é uma endoproteinase do grupo das serinoproteinases, com especificidade para resíduos de aminoácidos básicos alifáticos, arginina e lisina. A ligação peptídica é rompida do lado carboxi-terminal do resíduo de aminoácido.

Benzoil-arginil-p-nitroanilida (BAPA): substrato cromogênico para ensaios tipo cinéticos de endoproteinases com especificidade para arginina.

PROCEDIMENTO EXPERIMENTAL
MATERIAL

1. 50 µl de solução de tripsina 1mg/ml em HCl 1 mM **(Manter a tripsina o tempo todo em gelo)**
2. Substrato BAPA – 1 mM **(A)**, 1,5 mM **(B)**, 2 mM **(C)**, 2,5 mM **(D)**, 3 mM **(E)**, 5 mM **(F)**, 10 mM **(G)** em dimetilsulfóxido
3. Tampão tris HCl 50 mM, pH 8,0, CaCl$_2$ 0,02%
4. NaCl 0,15 M (salina)

MÉTODO

1. Identificar os tubos de acordo com a tabela.
2. Pipetar os volumes de tampão e salina nos tubos.
3. Diluir a tripsina 20× no tampão tris-HCl 50 mM, pH 8,0, com $CaCl_2$ 0,02% **(manter a tripsina sempre em gelo)**.
4. Pipetar as concentrações de substratos referentes a cada tubo **(atenção**: pipetar o substrato do tubo B 15 segundos após ter realizado esse procedimento com o tubo A, e assim sucessivamente).
5. Incubar por 30 minutos a 37°C.
6. Interromper a reação com ácido acético 30% **(atenção**: o ácido acético do tubo B deve ser pipetado 15 segundos após a interrupção desse procedimento com o tubo A, e assim sucessivamente).

Tubo	Tampão (μl)	Salina (μl)	Tripsina (μl)	BAPA (μl)	37 °C (min)	HAc (μl)	A_{405}	A_{405} -Br
A	500	300	100	100 (A)	30	120		
B	500	300	100	100 (B)	30	120		
C	500	300	100	100 (c)	30	120		
D	500	300	100	100 (D)	30	120		
E	500	300	100	100 (E)	30	120		
F	500	300	100	100 (F)	30	120		
G	500	300	100	100 (G)	30	120		
Br	500	400	-	100 (G)	30	120		

Após a obtenção das leituras, plotar o gráfico da [Substrato] × velocidade e plotar o gráfico 1/[substrato] × 1/v (Lineweaver – Burk).

Atenção: o eixo x será a concentração de substrato e o eixo y será a velocidade.

Usando esses dados, calcular K_m e V_{max} da reação da tripsina para o substrato BAPA.

Observações: o coeficiente de extinção molar da p-nitroanilina = 9.100 A_{405}(1 M absorve 9.100 A_{405}). A velocidade é expressa em µM/tempo (min.) e o substrato em mM.

Para a obtenção dos pontos da concentração do substrato, você deve calcular a concentração final de substrato no tubo, já que é dada somente a concentração inicial (volume final = 1 ml).

Prática **BQ-6**:
Análise de inibidores de proteases no extrato e nas frações purificadas de semente de soja

PROCEDIMENTO EXPERIMENTAL
MATERIAL

- 120µl de solução de tripsina 1mg/ml em HCl 1 mM **(manter a tripsina o tempo todo em gelo).**
- Substrato BAPA – 2 mM **(C)**, 2,5 mM **(D)**, 3 mM **(E)**, 5 mM **(F)**, 10 mM **(G)** em dimetilsulfóxido.
- Tampão tris HCl 50 mM, pH 8,0 $CaCl_2$ 0,02%.
- NaCl 0,15 M (salina).
- Solução de benzamidina: 0,1 mM, 0,25 mM, 0,3 mM, 0,5 mM, 0,75 mM, 1 mM.

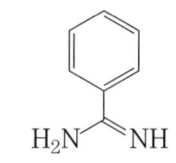

Estrutura da benzidamina

MÉTODO

1. Identificar os tubos de acordo com a tabela (**atenção**: todo o ensaio será realizado em duplicata).
2. Pipetar os volumes de tampão e salina nos tubos.
3. Pipetar os volumes de benzamidina.
4. Diluir a tripsina 20X no tampão tris-HCl 50 mM, pH 8,0, com $CaCl_2$ 0,02% **(manter a tripsina sempre em gelo).**
5. Incubar por 10 minutos a 37 °C.
6. Pipetar as concentrações de substratos referentes a cada tubo (**atenção:** pipetar o substrato do tubo B 30 segundos após ter realizado esse procedimento com o tubo A, e assim sucessivamente).
7. Incubar por 30 minutos a 37 °C.
8. Interromper a reação com ácido acético 30% (**atenção**: o ácido acético do tubo B deve ser pipetado 30 segundos após a interrupção desse procedimento com o tubo A, e assim sucessivamente).

Tubo	Tampão (μl)	Salina (μl)	Benzamidina [ ] (μl)	Tripsina (μl)	37 °C (min)	BAPA (μl)	37 °C (min)	HAc (μl)	A_{405}	A'_{405}
C	500	200	100	100	10	100 (C)	30	120		
D	500	200	100	100	10	100 (D)	30	120		
E	500	200	100	100	10	100 (E)	30	120		
F	500	200	100	100	10	100 (F)	30	120		
G	500	200	100	100	10	100 (G)	30	120		
Br	500	300	100	----	10	100 (G)	30	120		

Após a obtenção dos valores, plotar o gráfico da velocidade × [Substrato] e plotar o gráfico 1/v × 1/[substrato] (Lineweaver – Burk).
Comparar com o gráfico obtido anteriormente. Com os dados obtidos pelos outros grupos, calcular o novo K_m, identificr o tipo de inibição obtida e calcular o K_i para a benzamidina.

Observações: o coeficiente de extinção molar da p-nitroanilina = 9.100 (1 M absorve 9.100 A_{405}). Os dados de todos os grupos serão fornecidos para que se construa um gráfico com todas as curvas, a fim de permitir a determinação do valor de K_i da benzamidina para a tripsina.

QUESTÕES
1. Enzimas alostéricas são reguladas por moléculas pequenas ou cofatores que:
   a. apenas aumentam a atividade da enzima
   b. diminuem a velocidade de qualquer via metabólica
   c. aumentam a velocidade de qualquer via metabólica
   d. aumentam ou diminuem a atividade catalítica da enzima
2. Quais são os tipos de inibição enzimática?
3. Diferencie inibição reversível de inibição irreversível.
4. Defina:
   a. inibidor competitivo
   b. inibidor incompetitivo ou acompetitivo
   c. inibidor misto
   d. inibidor não competitivo
5. Como um inibidor competitivo e não competitivo podem ser diferenciados em termos de K_m?
6. Em uma reação entre uma enzima e seu substrato específico foi adicionado um inibidor competitivo que inibiu a formação do produto. Sabendo-se que a reação se encontra em condições ideais de pH e temperatura, explique como podemos reverter a inibição.

Prática **BQ-7**:
Dosagem do princípio ativo purificado

PROCEDIMENTO EXPERIMENTAL
MATERIAL

- 40 µl de solução de tripsina 1 mg/ml em HCl 1 mM **(manter a tripsina o tempo todo em gelo)**
- Substrato BAPA – 50 mM em dimetilsulfóxido
- Tampão Tris/HCl 50 mM pH 8,0 contendo $CaCl_2$ 0,02%
- NaCl 0,15 M (salina)
- Inibidor EcTI na concentração de 1,0 mg/ml em Tris/HCl 50 mM, pH 8,0

MÉTODO

1. Identificar os tubos de acordo com a tabela (**atenção**: todo o ensaio será realizado em duplicata).
2. Pipetar os volumes de tampão e salina nos tubos.
3. Diluir o inibidor **dez vezes** e depois **quatro vezes** no tampão Tris/HCl 50 mM, pH 8,0, pipetar os volumes correspondentes à tabela a seguir.
4. Diluir a tripsina **dez vezes** em HCl 1 mM e depois **quatro vezes** no tampão Tris/HCl 50 mM, pH 8,0, contendo $CaCl_2$ 0,02% **(manter a tripsina sempre em gelo)**.
5. Pré-incubar por 10 minutos a 37 °C.
6. Diluir o substrato em Tris/HCl 50 mM, pH 8,0, para que fique na concentração de 10 mM.
7. Adicionar o substrato nos tubos conforme a tabela a seguir (**atenção**: pipetar o substrato do tubo B 30 segundos após o tubo A, e assim sucessivamente).
8. Incubar por 15 minutos a 37 °C.
9. Interromper a reação com ácido acético 30% (**atenção**: o ácido acético do tubo B deve ser pipetado 30 segundos após a interrupção do tubo A, e assim sucessivamente).

Tubo	Tampão* (μl)	Salina (μl)	Inibidor (μl)	Tripsina (μl)	Pré-incubação (min)	BAPA (μl)	37 °C (min)	HAc (μl)	A_{405}	A'_{405}
Br	400	500	-	-	10	100	15	120		
A	400	340	80	80	10	100	15	120		
B	400	260	160	80	10	100	15	120		
C	400	180	240	80	10	100	15	120		
D	400	100	320	80	10	100	15	120		
E	400	20	400	80	10	100	15	120		
F	400	420	-	80	10	100	15	120		

* Tris/HCl 50 mM, pH 8,0, contendo $CaCl_2$ 0,02%.

Após a obtenção dos valores, plotar o gráfico da curva de inibição SbTI × Tripsina, utilizando o programa GRAFIT.

Com os dados obtidos pelo gráfico, calcular o K_i do SbTI.

Observações: massa molecular da tripsina: 24.000 Da; massa molecular do SbTI: 20.000 Da.

QUESTÕES

1. Definir:
   a. Inibidor competitivo
   b. Inibidor incompetitivo
   c. Inibidor misto
   d. Inibidor não competitivo
2. Quais são os tipos de inibição enzimática?
3. Como um inibidor competitivo e não competitivo podem ser diferenciados em termos de K_m?
4. Durante as aulas práticas, foram feitas as seguintes etapas de purificação:
   a. Extração salina
   b. Precipitação cetônica
   c. Cromatografia de troca iônica
      Analisando as etapas, explique qual a importância de se realizar essa dosagem de inibição enzimática ao final do processo de purificação.
5. Qual a importância de dosar a atividade de inibição do EcTI sobre a tripsina? Esse ensaio é válido para todas as proteínas? Explique.

Prática **BQ-8**:
Uso de equipamentos especializados na química de proteínas

OBJETIVOS

- Apresentar equipamentos e métodos amplamente difundidos e comumente usados em laboratórios de pesquisa;
- Mostrar as opções de uso desses equipamentos e métodos na análise de proteínas.

BASES TEÓRICAS
DESTILADOR E MILLI-Q

Introdução: água reagente

A classificação, as especificações, os métodos de obtenção e o controle da qualidade permitem aos profissionais dos laboratórios clínicos e de pesquisa selecionar a água reagente com a qualidade necessária para sua utilização na rotina diária, na preparação de reagentes, na dissolução de liofilizados e nas diluições de amostras.

Água destilada

Destilação é um método ou processo físico de separação de uma mistura de líquidos ou de sólidos dissolvidos em seus componentes.

Um equipamento simples (**destilação simples**) consiste em um frasco de destilação (no qual será aquecida a mistura de líquidos ou de soluções de sólidos dissolvidos em solvente), uma fonte de aquecimento, um condensador e um recipiente de coleta do destilado.

A destilação se baseia no fato de o vapor formado possuir uma composição diferente do líquido residual. Nesse processo, é importante que a substância a ser destilada seja volátil na temperatura utilizada. Esse tem sido um importante **método de separação e/ou purificação de compostos químicos em laboratórios e em indústrias**, pois se trata de um procedimento simples, eficiente e economicamente viável para muitos processos de separação de misturas.

Apesar de a água destilada ser normalmente considerada uma substância de pureza relativa, toda a água que esteja em contato com a atmosfera irá dissolver dióxido de carbono (entre outros gases). Na prática, muito dificilmente poderemos assegurar a pureza total de uma água destilada. Isto pode ser comprovado pelo fato de a água da chuva apresentar um pH inferior a 7 unidades, isto é, ligeiramente ácido, e não neutro (pH 7), como seria caso a água fosse efetivamente pura.

Figura 3 – Filtros, destilador e Milli-Q.

Água Milli-Q

Milli-Q ou Água Milli-Q é uma água deionizada que foi purificada somente em um sistema Milli-Q. Nesse sistema, **colunas de troca iônica** (aniônica e catiônica) são responsáveis pela **retenção dos íons contaminantes** presentes na água. Os íons mais comuns são: cálcio, ferro, cloreto, sulfato, nitrato e outros. O Milli-Q, entretanto, **não elimina substâncias não ionizadas**, como silicatos, algumas substâncias orgânicas e algumas impurezas em suspensão.

A **qualidade** da água deionizada pode ser detectada pela **condutividade** (ou resistividade) em condições bem definidas. A alta resistividade é obtida pela perda de íons, os quais, normalmente, funcionam como carreadores de carga. É desejável uma resistividade maior que 18,2 MΩ x cm a 25 °C.

A água também pode passar por um processo de esterilização com radiação ultravioleta (UVC), quando é dispensada através de uma membrana filtradora.

LIOFILIZADOR

Liofilizar significa secar uma substância normalmente a uma temperatura ambiente ou a baixas temperaturas, sob vácuo, para manter a integridade dessa substância, que poderia adulterar-se ou desfazer-se, caso o processo de secagem se efetuasse a temperaturas elevadas.

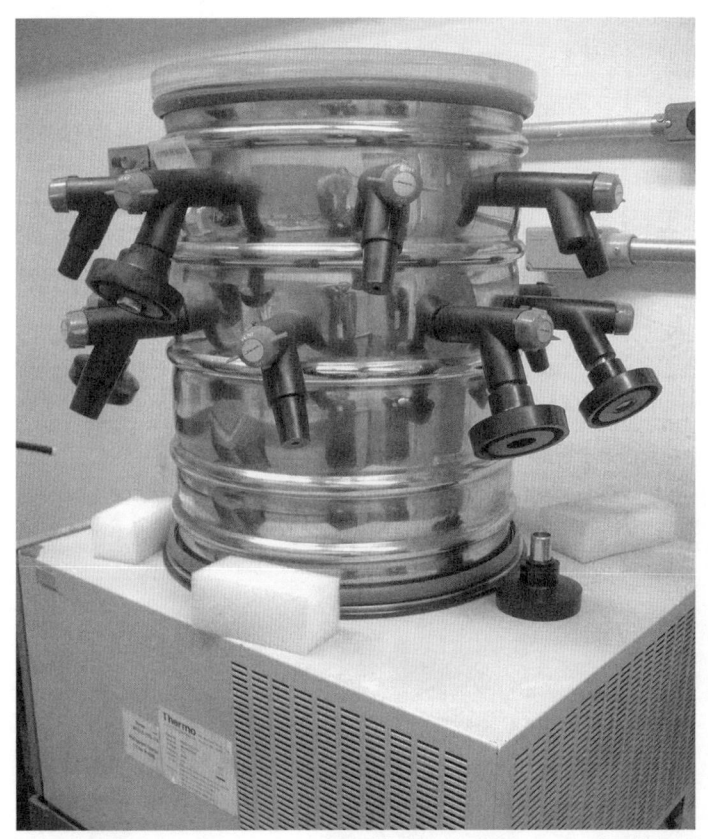

Figura 4 – Liofilizador.

SPEED VAC

É utilizado para a concentração de amostras. A centrifugação a 200 a 500 × *g* evita o borbulhamento, o choque e a perda física de amostra. Para amostras que se pretende secar, o soluto é depositado no fundo do recipiente para uma recuperação mais fácil e completa.

Figura 5 – Aparelho **Speed Vac** para concentração de amostras.

DICROÍSMO CIRCULAR (CD)

O dicroísmo circular (CD) é a diferença de absorção da luz circularmente polarizada à esquerda e à direita. CD é particularmente útil para o estudo de moléculas quirais, sejam elas ou não de origem biológica, tais como proteínas, carboidratos etc., compostos esses que possuem unidades opticamente ativas, ou seja, podem exibir sinal na espectroscopia de dicroísmo circular. Quando tais moléculas interagem com a luz circularmente polarizada, provocam uma alteração nessa luz incidente.

Figura 6 – Aparelho de dicroísmo circular (CD).

Vantagens
- Ótimo para estudo de estrutura secundária de biopolímeros em solução.
- Técnica não destrutiva.
- Pequena quantidade de material necessária para efetuar as medidas.
- Pode ser aplicado a moléculas em solução, condição próxima do que acontece nos sistemas biológicos.
- Medidas rápidas.

AGITADOR ORBITAL COM TEMPERATURA CONTROLADA – SHAKER

Utilizado para incubação de amostras que necessitem de agitação orbital e temperatura controlada, como meios de cultura para crescimento de microrganismos e análises na área de bioquímica.

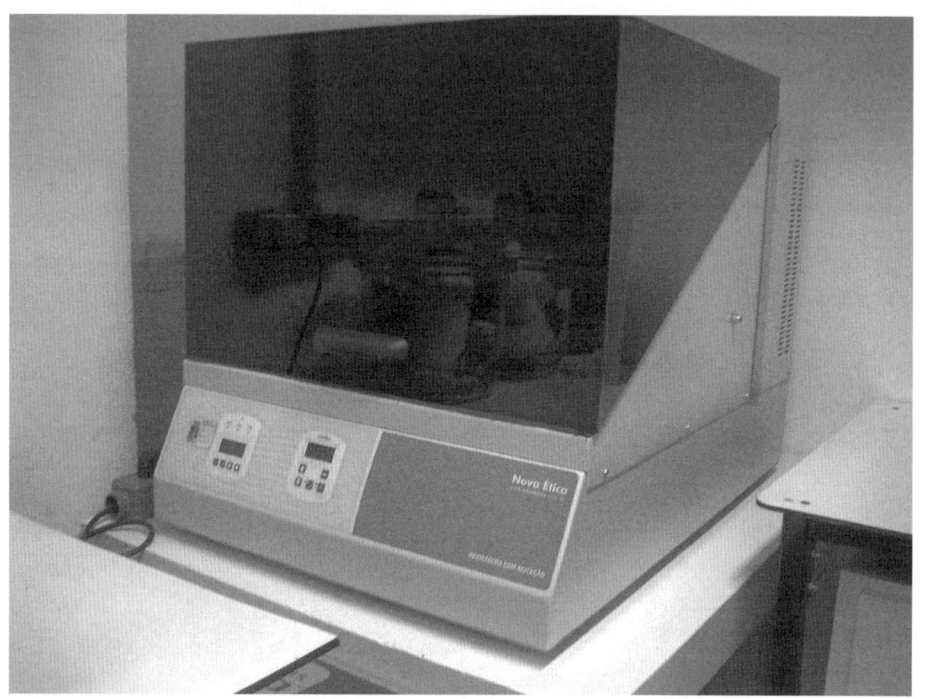

Figura 7 – Agitador orbital com temperatura controlada.

CAPELA DE EXAUSTÃO

Uma capela de exaustão é um gabinete ventilado, que está dentro de um ambiente laboratorial cuja ventilação também deve estar corretamente projetada, para que o sistema leve para fora do edifício os efluentes indesejáveis, provocados por um procedimento efetuado no interior da capela.

Esses gabinetes devem ser construídos com materiais adequados para cada caso. Normalmente as capelas possuem uma janela envidraçada que abre verticalmente e permanece aberta em qualquer posição (altura), pois está balanceada por um sistema de contrapesos; em alguns casos, possui um sistema defletor para direcionamento do fluxo de ar interno, em um sistema de desvio para controle do volume de ar. Esse gabinete pode ser acomodado sobre uma bancada, em carrinho ou sobre um gabinete especificamente projetado.

A capela de exaustão deve ser usada na manipulação de produtos tóxicos voláteis.

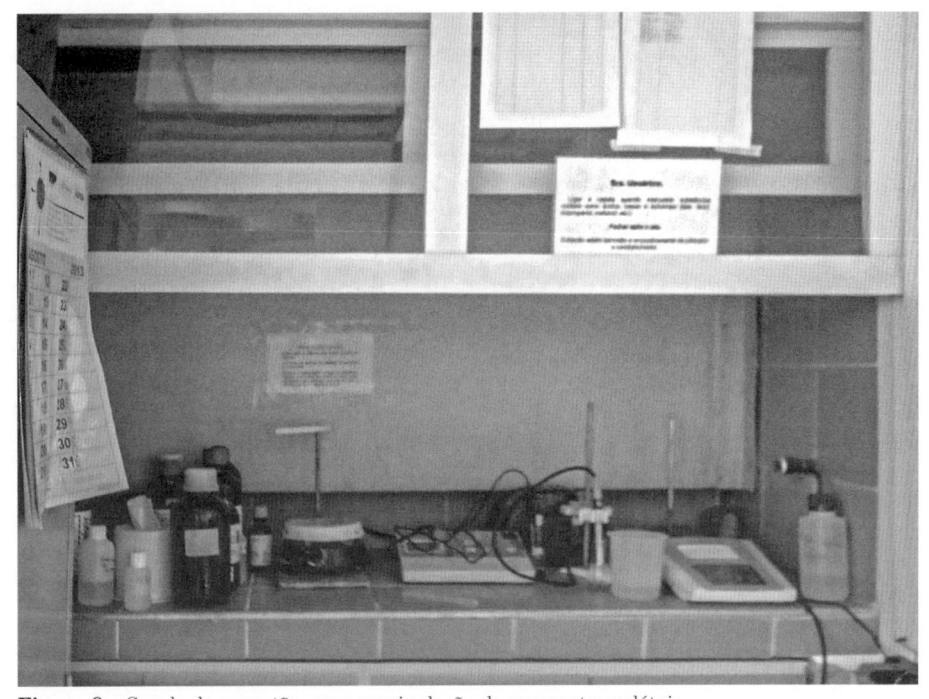

Figura 8 – Capela de exaustão, para manipulação de compostos voláteis.

TESTES LABORATORIAIS ESPECÍFICOS PARA AVALIAÇÃO DA HEMOSTASIA
AGREGÔMETRO

Avaliação da agregação plaquetária e da coagulação é de caráter fundamental, visto que a inapropriada ativação plaquetária e a subsequente formação de trombos podem acarretar quadros clínicos drásticos, levando a uma aterosclerose arterial ou trombose. Os testes laboratoriais utilizados estudam a agregação, a secreção e a atividade coagulante das plaquetas, e são realizados *in vitro*.

Agregação plaquetária

Procedimento realizado em equipamentos denominados agregômetros, no qual, em um plasma rico em plaquetas contendo citrato, denominado PRP, será adicionado um agonista (ADP, colágeno, trombina, ristocetina etc.). O agregômetro mede uma combinação de absorção e dispersão de luz. Adicionando um agonista, diminui-se a transmissão de luz, em decorrência da mudança das formas das plaquetas (de discoides para esféricas). Logo a seguir, com a agregação plaquetária, ocorre um aumento gradual na transmissão da luz. A agregação plaquetária é influenciada pelo pH do meio, pela temperatura e pelo tipo de coagulante utilizado, bem como pela concentração de plaquetas e pelo uso de medicamentos pelos pacientes doadores do sangue.

COAGULÔMETRO SEMIAUTOMÁTICO

O coagulômetro é um analisador mecânico ótico turbo densitométrico semiautomático com duplo canal para determinação de testes da coagulação, como: tempo de protrombina (TP), tempo de tromboplastina parcial ativa (TTPa), tempo de trombina (TT), fibrinogênio e demais fatores da coagulação utilizando plasma citratado.

O ensaio baseia-se na medida do tempo que um plasma descalcificado demora a coagular incubado a 37°C com reagentes específicos.

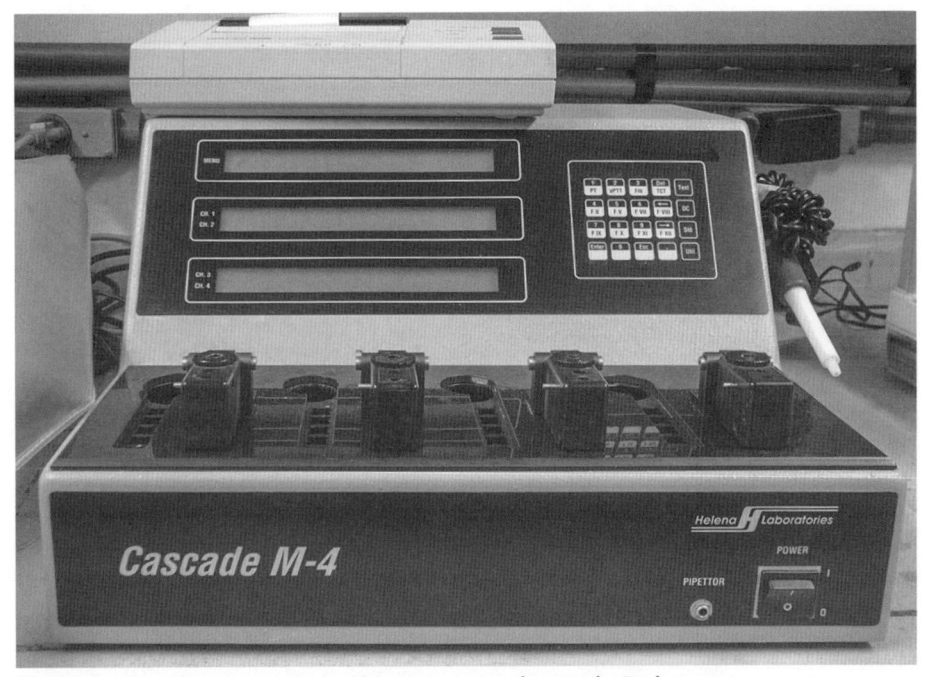

Figura 9 – Coagulômetro semiautomático para testes de coagulação do sangue.

Cuidados na coleta:

- NÃO coletar o sangue em tubo de vidro;
- Coletar e armazenar o sangue e plasma em tubos de plásticos ou siliconizados;
- Coletar em tubo com citrato de sódio (3,8% ou 3,2%) na proporção de 9 partes de sangue para 1 de citrato (v/v);
- Utilizar os equipamentos de proteção individual (EPI);
- Fazer assepsia no local da coleta com álcool a 70%;
- Preparar o plasma em até 30 minutos após a coleta do sangue.

Os resultados destes testes são importantes para:

- Análises pré-cirúrgicas;
- Detecção de alterações nos níveis de um ou mais fatores envolvidos na coagulação;
- Monitoramento da terapia com anticoagulantes (heparina e anticoagulante oral).

AULAS PRÁTICAS

BIOQUÍMICA – RODÍZIO (BQR)

As próximas práticas laboratoriais serão realizadas para um grupo de alunos de cada vez, em sistema de rodízio.

Recomenda-se que todos os alunos **leiam** essas práticas.

Prática **BQR-1**:
Cromatografia de gel-filtração ou exclusão molecular

Maria Luiza Vilela Oliva
e Guacyara da Motta

OBJETIVOS

- Separar proteínas do extrato de sementes de soja com base na massa molecular.

BASES TEÓRICAS

Ver texto sobre cromatografia de gel-filtração, p. 79.

PROCEDIMENTO EXPERIMENTAL

A matriz a ser utilizada neste experimento será Sephacryl S-200, constituída por uma rede tridimensional formada por dextran (um polissacarídeo) ligado covalentemente a N,N′-metileno bis-acrilamida. Esta matriz separa proteínas na faixa de massas moleculares de 5.10^3 e $2,5.105$ Da.

1. Equilibrar a coluna de Sephacryl S-200 com 2 volumes (aproximadamente 120 ml) de NaCl 0,07 M, ajustando o fluxo para 0,5-0,7 ml/min.
2. Deixar baixar todo o volume da solução de NaCl sobre o Sephacryl, e imediatamente aplicar a amostra concentrada – 4 mg/500 μl ("pool" 0,15 M proveniente da cromatografia de troca iônica em DEAE-Sephadex). Aguardar a entrada dos 500 μl da amostra na resina e aplicar 500 μl de NaCl 0,07 M. Finalmente, assim que diminuir o volume da solução aplicada, preencher o volume restante da coluna com eluente.
3. Coletar frações de 1 ml em tubos de ensaio no coletor automático.
4. Finalizar a coleta da amostra quando o A_{280} atingir valores inferiores a 0,005.
5. Medir a absorbância a 280 nm (A_{280}) de todos os tubos coletados e construir um gráfico cujo eixo X será as frações (ml), e o eixo Y, os valores obtidos de A_{280}.
6. Reunir as frações de maior absorbância, formando pools, medindo o volume e a absorbância destes.

Prática **BQR-2**:
Cromatografia líquida de alta resolução – HPLC – e cromatografia líquida de rápida eficiência – FPLC

Maria Luiza Vilela Oliva
e Guacyara da Motta

BASES TEÓRICAS
CROMATOGRAFIA LÍQUIDA DE ALTA RESOLUÇÃO – HPCL –
HIGH PERFORMANCE/PRESSURE LIQUID CHROMATOGRAPHY

É uma cromatografia líquida que se caracteriza por usar a fase móvel sob alta pressão. O uso de pressões elevadas permite uma redução no diâmetro das partículas da fase estacionária, localizada no interior da coluna cromatográfica. O uso de partículas menores (na ordem de 5,0 μm) no interior da coluna resulta em uma área superficial, o sítio de adsorção maior, o que promove uma separação mais eficiente dos componentes da amostra. Essa "miniaturização" das partículas da coluna permite o uso de colunas menores, volumes menores de amostras e um gasto menor de fase móvel. Assim sendo, em cromatografia líquida de alta eficiência trabalha-se na faixa dos microlitros (μl). O advento dessa técnica analítica só foi possível graças à produção de cromatógrafos líquidos totalmente automatizados (embora hoje ainda existam cromatógrafos que não oferecem opção de injeção automática de amostragem). Nesses cromatógrafos as bombas de fase móvel permitem este tipo de trabalho.

O HPLC utiliza instrumentos que consistem em um reservatório de fase móvel, uma bomba, um injetor, uma coluna de separação e um detector. Os diferentes componentes de uma amostra passam através da coluna a velocidades diferentes devido às diferenças em seu comportamento de separação entre a fase liquida móvel da fase estacionária. Os solventes devem ser desaerados a fim de eliminar a formação de bolhas. As bombas fornecem uma elevada pressão constante, sem pulsação. O aparelho pode ser programado para variar a composição do solvente durante o processo de separação. Os detectores avaliam mudança no índice de refração, na absorção de luz UV-VIS ou na fluorescência após excitação com luz de comprimento de onda adequado.

Aparelhos de HPLC podem apresentar as mais diversas configurações, como sistemas de bombeamento de um, dois ou quatro reservatórios. Além disso, podem apresentar detectores de índice de refração, detectores com lâmpadas de UV e monitoramento em um ou mais comprimentos de onda (λmax) fixos, detectores com arranjo de diodos, detectores eletroquímicos, de fluorescência, de dicroísmo circular, de massas e outros. Algumas dicas interessantes para se trabalhar com HPLC podem ser úteis para se evitar muitos problemas. Por exemplo, a seleção da coluna mais apropriada para separações cromatográficas passa pelos seguintes critérios:

    a.   natureza da amostra que se deseja separar;
    b.   solubilidade da amostra;
    c.   quantidade da amostra;
    d.   complexidade da amostra.

Outro fator importante é a boa utilização de colunas de HPLC. Por isso, devem ser muito bem cuidadas. Primeiramente: LER as instruções que acompanham a coluna em sua embalagem. Isso **É EXTREMAMENTE IMPORTANTE**, pois aí se encontram informações sobre como guardar a coluna depois de utilizá-la e como verificar a eficiência da coluna.

É necessário sempre utilizar a coluna com solventes grau HPLC filtrados através de membranas apropriadas para eliminar eventuais partículas. Filtrar somente a quantidade de solvente a ser utilizada ao longo de um único dia, **PRINCIPALMENTE ÁGUA**. Utilizar somente água grau Milli-Q ou similar, e NUNCA utilizar água velha (guardada). Caso sobre água Milli-Q filtrada, guardar em reservatório para ser utilizada em banhos de roto-evaporadores ou banhos de ultrassom. Bons solventes garantem a extensão da vida útil das colunas de HPLC, que **SÃO CARAS**.

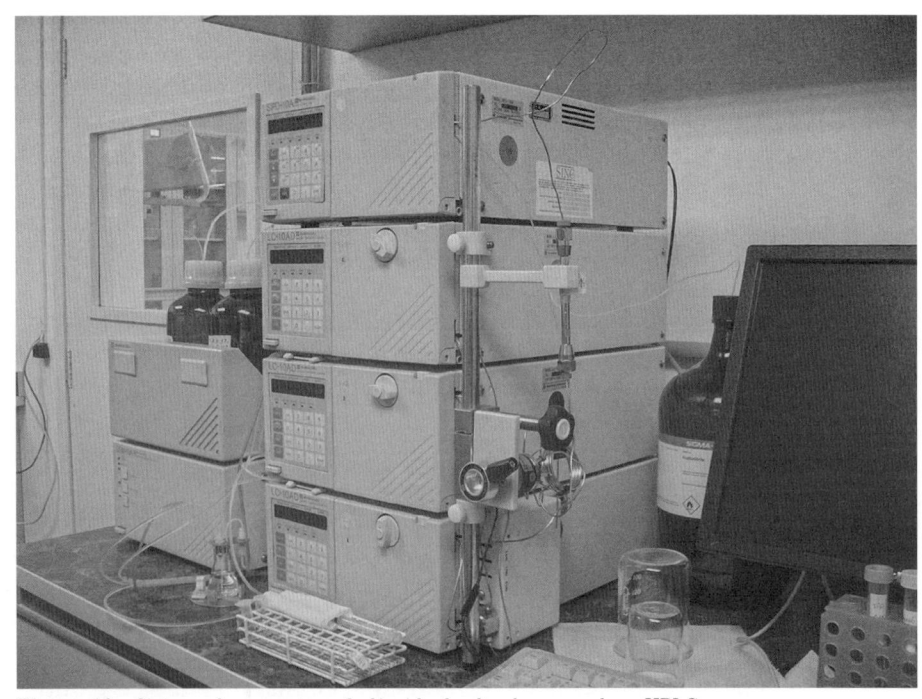

Figura 10 – Sistema de cromatografia líquida de alto desempenho – HPLC.

Outro fator importante é o preparo adequado da amostra a ser separada. Esta amostra deve ter sofrido uma, duas ou mais etapas de separação preliminares antes de ser separada por HPLC. **NUNCA** deve se separar um extrato bruto diretamente por HPLC sem ao menos realizar uma pré-purificação da amostra antes. A pré-purificação deve ser feita com colunas pré-empacotadas adequadas Após esta etapa, a amostra deve ser filtrada para a posterior separação por HPLC, em fase normal ou em fase reversa. Uma pré-purificação adequada da amostra melhora consideravelmente a qualidade da separação cromatográfica que se deseja realizar.

CROMATOGRAFIA LÍQUIDA RÁPIDA EM SISTEMA ÄKTA – FPLC – *FAST PERFORMANCE LIQUID CHROMATOGRAPHY*

É um sistema de cromatografia líquida similar ao HPLC, mais moderno, e cuja estrutura permite o uso de tampões/solventes inorgânicos que não desnaturam proteínas, mantendo suas atividades biológicas.

Vantagens
- purificação de proteínas otimizada;
- alta eficiência de purificação e caracterização;
- bombas, luz UV e coletor de frações controlados pelo computador;
- pode detectar mais de um comprimento de onda de luz UV e/ou visível, simultaneamente.

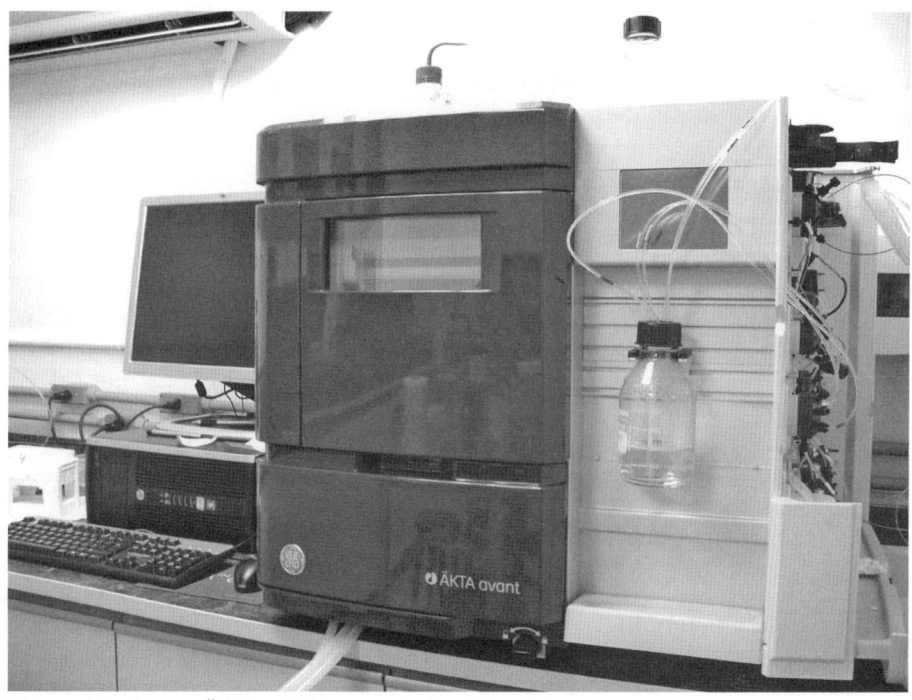

Figura 11 – Sistema ÄKTA – FPLC.

Prática **BQR-3**:
Determinação de monossacarídeos no extrato de sementes de soja e em sucos de frutas
Yara M. Michelacci

OBJETIVOS

Verificar a presença de monossacarídeos no extrato de sementes de soja e também em sucos de frutas.

BASES TEÓRICAS
CROMATOGRAFIA EM PAPEL

A cromatografia em papel é um tipo de cromatografia líquida (ver descrição geral sobre métodos cromatográficos na p. 78), que se baseia na diferença de solubilidade (partição) entre dois solventes: a água retida no suporte e o solvente orgânico usado como fase móvel, e também na adsorção ao suporte (celulose do papel).

Qualquer papel de filtro poderia ser usado, mas melhores resultados são obtidos quando são utilizados papéis especiais para cromatografia. Esses papéis são caros e de difícil obtenção. Por isso, devem ser manuseados com todo o cuidado.

Após a separação, os compostos são identificados no papel por um método que permita a formação de compostos coloridos. No caso, será utilizada a reação de redução da prata em meio alcalino, que resulta na formação de prata metálica (escura).

PROCEDIMENTO EXPERIMENTAL
Materiais
1. Papel de cromatografia Whatman n° 1 – 9 × 14 cm
2. Solvente: álcool isopropílico – água (160:40, v/v)
3. Açúcares padrões: glicose, galactose, sacarose, lactose, N-acetilglucosamina e ácido glucurônico (1 mg/ml)
4. Extrato de sementes de soja, refrigerantes e sucos de frutas

Método
Trace uma linha reta, a lápis, a 2 cm da borda do papel de cromatografia, como indica a figura. Faça oito marcas sobre essa linha, espaçadas em 1 cm.

Aplique cuidadosamente sobre essas marcas 2 μl de solução contendo cada um dos açúcares padrões e 2 μl da solução a ser analisada, diluída 1:10 e sem diluição. Secar sob fluxo de ar quente (secador).

Coloque o papel numa câmara de cromatografia saturada com o solvente e deixe correr até que a frente do solvente se aproxime da borda superior do papel.

Retire o cromatograma do solvente, desenhe uma linha marcando a frente do solvente e seque à temperatura ambiente ou em estufa. Localize os açúcares com $AgNO_3$, como descrito a seguir.

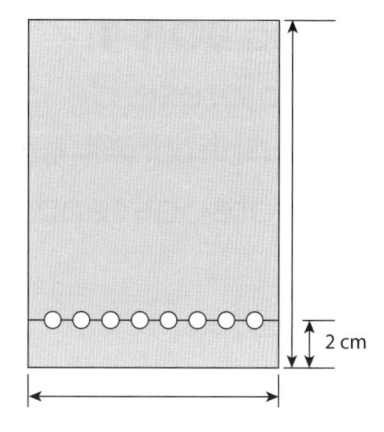

2 cm

Figuras 12 – Modelo de cromatografia em papel.

REVELAÇÃO DE AÇÚCARES COM AgNO₃ EM MEIO ALCALINO

Reagentes

1. **$AgNO_3$ em acetona**: adicione 1 ml de solução saturada de $AgNO_3$ em água a 190 ml de acetona (Merck). Adicione água, gota a gota, até dissolver todo o sal. Complete o volume com acetona para 200 ml. Guarde em frasco escuro, à temperatura ambiente. Essa solução pode ser reutilizada.

2. **NaOH em etanol**: misture 1 ml de solução de NaOH 10 M (400 g/l) e 19 ml de etanol neutro (sem aldeídos). Essa solução deve ser preparada na hora.

3. **Tiossulfato de sódio 5%**.

Método

1. Passe o cromatograma (mergulhando) na solução de $AgNO_3$ em acetona e seque em estufa, com aquecimento.

2. Depois de seco, passe o cromatograma pela solução recém-preparada de NaOH em etanol e deixe secar à temperatura ambiente.

3. Quando o papel estiver seco, interrompa a reação, passando o cromatograma por solução de tiossulfato de sódio. Retire o excesso de tiossulfato com água corrente e deixe secar à temperatura ambiente. Guarde, protegendo da luz.

4. Determine o R_f dos açúcares e determine os açúcares presentes no extrato de soja e nos refrigerantes e sucos.

Prática **BQR-4**:
Eletroforese de glicosaminoglicanos e de proteoglicanos em gel de agarose. *Immunoblotting* de proteoglicanos

Yara M. Michelacci

OBJETIVOS

- Aprender outro método de eletroforese em gel.
- Identificar os compostos presentes por dois métodos: coloração com corante específico e *immunoblotting*, que permite a detecção de apenas um componente presente na mistura.

BASES TEÓRICAS
ELETROFORESE EM GEL DE AGAROSE

Proteoglicanos são glicoconjugados formados por um esqueleto proteico ao qual se liga pelo menos uma cadeia de glicosaminoglicano. Os glicosaminoglicanos, por sua vez, são polissacarídeos de natureza ácida, que devem suas cargas negativas a grupos carboxila e sulfato. Quando submetidos a eletroforese em gel de agarose, esses compostos migram para o polo positivo e a velocidade de migração é proporcional à densidade de cargas.

Os glicosaminoglicanos se diferenciam entre si pela sua composição em açúcares, pelas ligações glicosídicas que unem esses açúcares e pelas posições e número de grupos sulfato presentes. Parte das cargas negativas dos glicosaminoglicanos são neutralizadas diferencialmente pelo tampão utilizado (1,3-diaminopropano-acetato), permitindo a separação entre eles.

Após a eletroforese, os glicosaminoglicanos e os proteoglicanos são fixados no gel por um detergente catiônico. Em seguida, o gel é seco e corado com Azul de Toluidina.

PROCEDIMENTO EXPERIMENTAL
Materiais

- Agarose Bio-Rad
- Tampão 1,3-diaminopropano-acetato 0,05 M, pH 9,0 (PDA)
- Lâminas de vidro
- Caixas para preparo das lâminas
- Caixa de eletroforese com tampa para refrigeração
- Fonte de corrente contínua
- Mistura padrão de glicosaminoglicanos, contendo condroitim sulfato, dermatam sulfato e heparam sulfato (1 mg/ml) e o corante vermelho de cresol
- Fixador: cetavlon (brometo de cetiltrimetil amônia) 0,1%

- Corante: Azul de Toluidina 0,1% em etanol 50% e ácido acético 1%
- Descorante: de etanol 50% e ácido acético 1%

Método
1. **Preparo das lâminas**: preparar uma suspensão de agarose 0,55% em tampão PDA (150 ml). Aquecer em banho-maria para derreter a agarose e despejar sobre a caixa de preparo de lâminas. Esperar esfriar e gelificar, sem mexer a caixa. Colocar sobre o gel as lâminas de vidro, previamente limpas com álcool e bem secas. Novamente, preparar agarose em tampão PDA e despejar sobre as lâminas. Deixar esfriar sem mexer a caixa. Cobrir com filme de PVC e guardar em geladeira.
2. **Eletroforese**: retirar uma lâmina de vidro recoberta com gel da caixa. Usando a metodologia demonstrada pelo professor, abrir pequenas fendas no gel, onde serão aplicadas as amostras. Aplicar a cada fenda 5 μl de amostra, como demonstrado. Submeter a eletroforese (100 V, 100 mA, ~1 hora).
3. **Fixação e secagem**: após a corrida, mergulhar o gel em solução de fixador (cetavlon 0,1%) por 2 horas, no mínimo, para precipitar os glicosaminoglicanos. Secar o gel sob ventilação e calor.
4. **Coloração**: mergulhar o gel já seco em solução de corante (Azul de Toluidina 0,1% em etanol 50% e ácido acético 1%) por 15 minutos. Não desprezar o corante, que poderá ser reutilizado (retornar para o frasco). Lavar a lâmina com solução de lavagem (etanol 50% e ácido acético 1%) para remover o excesso de corante. Secar à temperatura ambiente.

IMMUNOBLOTTING DE PROTEOGLICANOS
BASES TEÓRICAS

Um dos métodos mais poderosos para se detectar um componente específico numa mistura complexa combina a capacidade de separar os componentes em eletroforese em gel, a especificidade de anticorpos e a sensibilidade de ensaios enzimáticos. Chamado *immunoblotting* ou *Western blotting*, esse procedimento com três etapas fundamentais (Figura 13) é muito usado para separar proteínas ou glicoconjugados e, depois, identificar o composto de interesse.

Na primeira etapa, as proteínas ou os glicoconjugados podem ser separados por eletroforese em gel de agarose ou de poliacrilamida. Então, uma membrana de nitrocelulose, que liga fortemente proteínas, é aplicada sobre o gel e a transferência é feita por capilaridade ou pela aplicação de um campo elétrico. Esse processo é chamado *blotting* porque a membrana capta as proteínas como um mata-borrão (*blot*). Na segunda etapa, a membrana é mergulhada em uma solução contendo um anticorpo específico para a proteína ou glicoconjugado de interesse. Apenas a banda que contém esse composto ligará o anticorpo. Na etapa final, a membrana é "revelada" com um anticorpo ligado a uma enzima, para a identificação da banda de interesse.

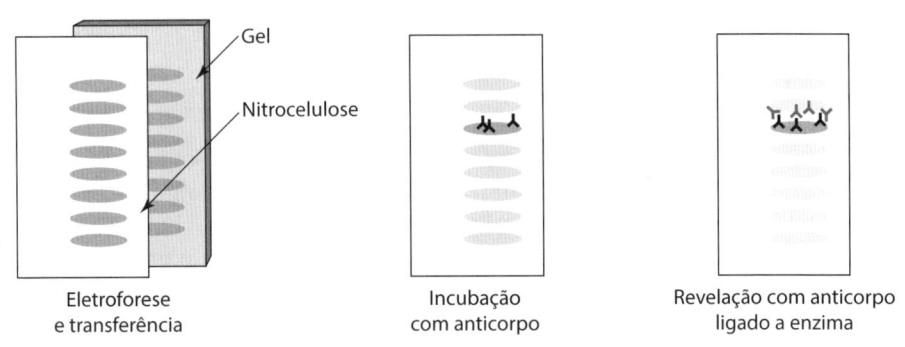

Figura 13 – *Immunoblotting.*

PROCEDIMENTO EXPERIMENTAL

1. Preparar uma lâmina de eletroforese em gel de agarose como descrito acima. Aplicar as amostras a serem analisadas:
   a. mistura padrão de glicosaminoglicanos;
   b. proteoglicano de cartilagem bovina.
2. Submeter à eletroforese.
3. Transferir os glicosaminoglicanos e proteoglicanos para membrana de nitrocelulose por capilaridade: colocar a membrana de nitrocelulose sobre o gel, seguida de duas folhas de papel Whatman 3MM e uma camada grande de papel absorvente. Em cima de tudo, colocar lâminas de vidro e um peso. Deixar transferindo uma a duas horas.
4. Mergulhar a membrana, com o lado que ficou em contato com o gel para cima, em solução de caseína (leite Molico 5%) em salina tamponada com fosfato (PBS) – 2 horas, no mínimo.
5. Lavar a membrana com PBS por três vezes – 5 minutos cada vez.
6. Incubar com anticorpo monoclonal MST1 – 2 horas à temperatura ambiente ou *overnight* a 4 °C. Quando terminar, não desprezar o anticorpo.
7. Lavar com PBS por 3 vezes – 5 minutos cada vez.
8. Incubar com anticorpo de cabra anti IgG de camundongo, conjugado com peroxidase, diluído 1:10.000 em solução de soroalbumina bovina 1%, em PBS – 2 horas à temperatura ambiente, no escuro.
9. Lavar com PBS por 3 vezes – 5 minutos cada vez (no escuro).
10. Incubar com o substrato da peroxidase, diaminobenzidina (DAB):
    a. solução de DAB: 0,5 mg/ml em PBS contendo cloreto de níquel 0,2% (estoque 1%, diluir 1:5 em PBS);
    b. H_2O_2 – preparar solução diluída: 25 μl para 1,5 ml de água. Usar 1 μl dessa solução para cada ml de solução de DAB.
    Colocar a solução A (DAB sem H_2O_2) e incubar por 15 minutos, no escuro. Colocar a solução B (DAB com H_2O_2) e incubar até revelar.
11. Quando revelar, lavar com PBS e interromper a reação pela adição de água destilada.

Prática **BQR-5**:
Identificação de lipídeos por cromatografia de camada delgada de alta resolução (HPTLC)

Anita Hilda Straus Takahashi

OBJETIVOS

Comparar o perfil de lipídeos, utilizando a técnica de cromatografia em camada delgada, de extratos orgânicos de diferentes tecidos e órgãos de ratos. Conforme os resultados obtidos, concluir a origem dos extratos lipídicos X, Y e Z.

BASES TEÓRICAS

Cromatografia é uma metodologia simples e eficiente para separação, identificação e quantificação das espécies químicas, por si mesma ou em conjunto com outras técnicas instrumentais de análise, como, por exemplo, a espectrometria de massas.

Pela cromatografia (cromo = cor e grafia = escrever, do grego) é possível separar componentes de uma mistura, pela partição dos compostos na fase estacionária (matriz da cromatografia) e na fase móvel (por exemplo, solvente).

A cromatografia de alta resolução em camada delgada (HPTLC – *high performance thin layer chromatography*) consiste na separação dos componentes de uma mistura pela migração diferencial sobre uma camada adsorvente retida sobre uma superfície plana. O processo de separação está fundamentado, principalmente, no fenômeno de adsorção.

Na HPTLC uma fina camada de adsorvente é espalhada sobre uma placa (em geral de vidro), resultando na placa de cromatografia. Próximo a uma extremidade desta placa a amostra é aplicada com o auxílio de um capilar. A placa cromatográfica é colocada em uma câmara fechada contendo o solvente (fase móvel), que percorre a fase estacionária sólida em movimento ascendente por ação capilar, carregando consigo a amostra.

PROCEDIMENTO EXPERIMENTAL
EXTRAÇÃO DE LIPÍDEOS

Os tecidos e órgãos foram homogeneizados com 10 volumes de mistura de isopropanol:hexano:H_2O (55:20:25, v/v/v, a fase superior é descartada) e 10 volumes de clorofórmio:metanol (2:1, v/v). Os extratos orgânicos foram filtrados e secos em rotaevaporador. O resíduo foi ressuspenso em clorofórmio:metanol (2:1, v/v).

PADRÕES

- Mistura de gangliosídeo comercial (Sinaxial©), contendo monosialogangliosídeo (GM_1), disialogangliosídeo (GD_{1a} e GD_{1b}) e trisialogangliosídeo (GT_{1b}).
- Colesterol 1 mg/ml.
- Mistura de fosfolipídeos 1 mg/ml, contendo fosfatidilinositol, fosfatidilserina, fosfatidilcolina e fosfatidiletanolamina.
- Triacilglicerol 1 mg/ml.

PLACAS DE CROMATOGRAFIA

- Placas de cromatografia em camada delgada de alta resolução (HPTLC) de sílica gel 60.

SOLVENTES E CORANTES

- **Identificação de gangliosídeos** – solvente: clorofórmio:metanol: H_2O (60:40:9, v/v/v); revelação: resorcinol em HCl, aquecimento a 120 °C – lâmina coberta com uma placa de vidro e selada nas laterais com fita adesiva transparente (bandas azuis).
- **Identificação de fosfolipídeos** – solvente: clorofórmio:metanol:-metilamina 40% (63:35:10, v/v/v); revelação: reagente de azul de molibdênio (bandas azuis).
- **Identificação de lipídeos neutros** – solvente: hexano:éter etílico:ácido acético (80:20:1, v/v/v); revelação: ácido sulfúrico 2 M.

MÉTODO

1. Aplicar à placa de HPTLC os extratos orgânicos de X, Y e Z e os padrões:
   1. Amostra X
   2. Amostra Y
   3. Amostra Z
   4. Padrão gangliosídeos
   5. Padrão triglicerídeo
   6. Padrão colesterol
   7. Padrão fosfolipídeos
2. Colocar a lâmina na cuba de cromatografia saturada com o solvente correto.
3. Quando a frente do solvente atingir a parte superior da lâmina, retirá-la da cuba.
4. Secar a placa de HPTLC.
5. Borrifar o revelador adequado para cada cromatografia e aquecer as lâminas conforme indicação.
6. Fotografar os resultados.
7. Comparar as lâminas de HPTLC obtidas pelos demais grupos, nos três sistemas de solventes, e revelações para gangliosídeos, fosfolipídeos e lipídeos neutros, e indicar a origem das amostras X, Y e Z.

Yara M. Michelacci

ESTUDOS DIRIGIDOS

BIOLOGIA
MOLECULAR

A QUÍMICA DAS CÉLULAS

ASPECTOS GERAIS

1. Qual a natureza da matéria?
2. O que são elementos químicos?
3. Qual a origem dos elementos que compõem o planeta Terra?
4. O que caracteriza a vida aqui manifestada? O que diferencia um mineral de um vegetal e de um animal?
5. Que métodos permitem aprofundar o conhecimento sobre a manifestação da vida na Terra?
6. Em sua opinião, quais os conhecimentos mais relevantes para o entendimento e o aprimoramento da manifestação da vida aqui? E quais os menos relevantes?
7. Em que grau de profundidade você gostaria de conhecer o funcionamento de um organismo vivo?
8. Por que o carbono é a base para construção dos seres vivos na Terra?
9. Qual a importância da água e do nitrogênio (em forma de amônia)?

ASPECTOS ESPECÍFICOS
OS SERES VIVOS

1. Unidade da vida: a célula.
2. Algumas abordagens para estudo dos organismos vivos e das células.

CONSTITUIÇÃO QUÍMICA DOS SERES VIVOS

1. Elementos químicos.
2. Água.
3. Sistemas tampões.
4. O átomo de carbono e suas características.
5. Alguns grupos funcionais importantes na bioquímica.
6. Isomeria geométrica e óptica.
7. Importância da configuração e da conformação dos compostos orgânicos.

BASES QUÍMICAS DA VIDA

1. Carboidratos: monossacarídeos, oligossacarídeos, polissacarídeos e glicoconjugados.
2. Aminoácidos, peptídeos e proteínas.
3. Lipídeos neutros e lipídeos de membrana.
4. Nucleotídeos e ácidos nucleicos.
5. Enzimas e catálise.

BASES FÍSICAS DA VIDA
1. As leis da Termodinâmica.
2. Informação como uma forma de energia.
3. Troca de energia: processos endergônicos e processos exergônicos.

METABOLISMO ENERGÉTICO
1. Papel do ATP.
2. Acoplamento quimiosmótico.
3. Fermentação, respiração e fotossíntese.

EXERCÍCIOS
1. Um átomo de carbono tem seis prótons, seis nêutrons e seis elétrons. Pergunta-se:
    a. Qual é o seu número atômico e o seu peso atômico?
    b. De quantos elétrons a mais ele precisaria para completar sua camada mais externa?
    c. Como isso afeta seu comportamento químico?
    d. O carbono com número atômico 14 é radioativo. Em que sua estrutura difere do carbono não radioativo e em que essa diferença afeta seu comportamento químico?
2. Indique se as ligações químicas relacionadas a seguir são fortes ou fracas, e justifique sua resposta:
    a. covalente.
    b. iônica.
    c. ponte de hidrogênio.
3. Olhe a fórmula cíclica da glicose. Em que a hidroxila do carbono 1 se diferencia das demais hidroxilas da molécula? Discuta suas propriedades químicas.
4. Em que se diferenciam os lipídeos de membrana dos lipídeos neutros?
5. Quais os tipos de funções químicas encontradas em um nucleotídeo? Que tipo de ligação existe entre a base nitrogenada e o açúcar? E entre o açúcar e o ácido fosfórico?
6. Para que uma reação endergônica ocorra em uma célula, basta que ela seja catalisada por enzima? Justifique sua resposta.

ESTRUTURA DOS ÁCIDOS NUCLEICOS

BASES DA HEREDITARIEDADE
1. O que são genes?
2. Trabalho de Mendel.
3. Onde se localizam os genes?
4. Qual a natureza química dos genes? O experimento de Griffith.

OS ÁCIDOS NUCLEICOS
1. Nucleotídeos.
2. Ligação fosfodiéster.

DNA
1. Estrutura em dupla-hélice e pareamento de bases.
2. A, B e Z-DNA.
3. DNA tripla-hélice e pareamento de Hoogsteen.
4. Desnaturação e renaturação do DNA.
5. Sequências únicas e sequências repetitivas.
6. DNA linear e DNA circular.
7. Superenrolamento e topoisomerases.

RNA
1. Estrutura e propriedades, em comparação com o DNA.
2. Tipos principais de RNAs celulares e suas funções.

GENOMA EUCARIÓTICO

1. Quais foram os primeiros organismos cujos genomas foram sequenciados? Por quê?
2. Quando foi concluído o sequenciamento do genoma humano?
3. Quais as principais conformações do DNA?
4. Em que organismos ou organelas aparecem, em condições normais, moléculas de DNA circular e linear?
5. O que dificultou o estudo dos genomas dos organismos?
6. O que é o paradoxo ou o enigma do valor C?
7. Qual a relação entre a escala evolutiva e o número de cromossomos das espécies?
8. O que são endonucleases de restrição? Por que receberam esse nome? Qual sua importância no sequenciamento dos genomas?
9. Que tipos de sequências existem no genoma humano?
10. Qual a diferença entre íntron e UTR (*untranslated region*)?
11. O que é uma unidade transcricional complexa?
12. O que são pseudogenes e como se originaram?
13. O que são sequências repetidas simples, também chamadas satélites, minissatélites e microssatélites? Para que são usadas?
14. O que são transposons? E retrotransposons? Quais os mais frequentes no genoma humano?
15. O que é uma sequência de inserção bacteriana?
16. Qual a diferença entre um retrotransposon-LTR e um não-LTR? Dê exemplos do segundo tipo.
17. O que são SINEs? Como são transcritos?
18. O que são e para que servem os centrômeros?
19. O que são telômeros? Como são sintetizados?
20. O que é origem de replicação? Quantas existem num cromossomo procariótico? E eucariótico? Por quê?
21. O que são nucleossomos?
22. O que são histonas? Qual sua característica estrutural mais marcante?
23. Qual a forma da cromatina eucariótica interfásica (eucromatina)? E heterocromatina?
24. O que são cromossomos politênicos e onde existem?
25. Quais as características gerais do genoma de organelas, como mitocôndrias e cloroplastos?

MUTAÇÕES E REPARO DO DNA

1. Conceitos de "mutação".
2. Tamanho dos genomas procarióticos e eucarióticos, e porcentagem que codifica proteínas – importância para alterações nas regiões codificadoras.
3. O que significa a expressão: "o código genético é degenerado"?
4. Quais as consequências de uma mudança na fase de leitura, pela inserção (ou remoção) de um nucleotídeo de uma sequência codificadora?
5. O que seria mais grave para o funcionamento de uma proteína: uma mutação pontual ou uma mutação do tipo *frameshift* (mudança na fase de leitura)? Por quê?
6. Quais as evidências que indicam que os mecanismos de reparo do DNA realmente protegem o DNA?
7. Lesões espontâneas no DNA: despurinação e deaminação. Quais suas consequências?
8. O que são agentes mutagênicos? Dê exemplos (químicos e físicos).
9. Quais os tipos básicos de mecanismos usados no reparo do DNA?
10. Reversão direta da lesão: fotoliase e O^6-metilguanina metiltransferase.
11. Reparo por excisão de nucleotídeos e reparo por excisão de base – reconheça a importância desses mecanismos e compare-os entre si.
12. Reparo de pareamento errado – *mismatch*.
13. Reparo após replicação: recombinação e sujeito a erro.

RECOMBINAÇÃO DO DNA

1. Tipos de recombinação: (1) homóloga ou geral; (2) sítio-específica; (3) não homóloga, não sítio-específica.
2. O que é necessário para que ocorra recombinação homóloga?
3. Em que processo celular ela ocorre?
4. O que é junção Holliday? Na resolução da junção Holliday, procure entender em que condição há recombinação e em que condição não há.
5. Descreva o modelo de quebra de duas fitas de DNA para explicar o início da recombinação homóloga.
6. O que são elementos móveis do DNA?
7. Qual a diferença entre transposons e retrotransposons?
8. Que tipos de retrotransposons existem?
9. Como são os transposons bacterianos? O que significam os termos: transposase, sequência de inserção, transposon simples e transposon complexo?
10. Defina recombinação sítio-específica. De que depende?
11. Descreva o mecanismo de transposição tipo *cut-and-paste*, mostrando o papel desempenhado pela transposase.
12. Qual o mecanismo geral da transposição mediada por RNA?
13. Como é o ciclo de vida de um retrovírus?
14. O que é transcriptase reversa? Em que difere das demais DNA e RNA polimerases?
15. A sequência Alu é muito comum no genoma humano. Que tipo de sequência ela é e por que tem esse nome?
16. Que tipo de recombinação ocorre quando o genoma de um bacteriófago se integra ao genoma da bactéria hospedeira?
17. Que tipo de recombinação ocorre nos linfócitos produtores de anticorpos?

TRANSCRIÇÃO E PROCESSAMENTO DO RNA

1. Que tipos de RNAs existem em células eucarióticas?
2. Qual a porcentagem do genoma humano que realmente codifica proteínas (éxons)?
3. Quais as etapas gerais da expressão gênica, utilizadas em todos os organismos vivos?
4. Qual a reação catalisada pelas RNA polimerases? Essas enzimas requerem molde? Requerem *primer*?
5. As RNA polimerases realizam atividade de verificação ou revisão?
6. As RNA polimerases podem usar RNA como molde?
7. Quantas RNA polimerases existem numa célula procariótica?
8. Descreva a RNA polimerase *core-enzyme* de *E.coli*, mostrando a função de cada subunidade.
9. O que é fator sigma bacteriano? Qual sua função, e de que etapa da transcrição participa?
10. Quantas RNA polimerases existem no núcleo eucariótico? Que função cada uma desempenha?
11. O que determina qual fita do DNA será transcrita?
12. O que é promotor?
13. Qual a sequência consenso do promotor reconhecido pelo fator sigma 70 de *E.coli*?
14. Como a síntese de RNA é terminada em bactérias?
15. Qual a função desempenhada pelos fatores de transcrição gerais da RNA polimerase II (TFIID, TFIIB, TFIIE, TFIIH e TFIIF)?
16. O que é o CTD (*C-terminal domain*) da RNA polimerase II, e que importância tem na síntese dos mRNAs eucarióticos?
17. Que modificações devem ocorrer no RNA transcrito primário para que se transforme em um mRNA em células eucarióticas?
18. Quais são os elementos importantes nos promotores eucarióticos?
19. Que outras sequências atuam no controle da transcrição em eucariotos?
20. O que é o *cap* da extremidade 5′ dos mRNAs eucarióticos?
21. Descreva o mecanismo mais comum de *splicing*, mostrando o que são e como funcionam snRNPs.
22. Qual o papel da cauda de poli(A), adicionada à extremidade 3′ dos mRNAs eucarióticos?
23. O que são mRNAs policistrônicos? Em que organismos existem?
24. O que é *splicing* alternativo e em que resulta?
25. Qual a função da snRNP U1? E da snRNP U2?
26. Que enzima é responsável pela síntese dos rRNAs 5,8S, 18S e 28S? O que garante que concentrações equimolares dessas moléculas sejam sintetizadas?
27. Onde são organizados os ribossomos? O que é necessário para sua organização?

28. Que enzimas transcrevem os genes de rRNAs?
29. Que enzima transcreve os genes que codificam tRNAs?
30. Que enzimas transcrevem os snRNAs?
31. Cite quatro funções desempenhadas por RNAs pequenos (snRNAS, snoRNAs, scaRNAs, miRNAs, siRNAs, RNAs de telomerases, RNA de SRP etc.).

CONTROLE DA EXPRESSÃO GÊNICA – CONTROLE DA TRANSCRIÇÃO

1. Discuta os processos que poderiam ser responsáveis pela diferenciação celular e mostre os experimentos que indicam que o mecanismo mais usado é o controle diferencial da expressão gênica.
2. O que é *microarray* e para que serve?
3. Em que etapas pode ser controlada a expressão de um gene eucariótico?
4. Para que procariotos controlariam a expressão gênica?
5. O que é fator sigma e qual sua função? Em que condições são expressos fatores sigma alternativos, e qual a consequência disso para a expressão gênica?
6. O que são comutadores genéticos?
7. Por que se costuma dizer que o comutador genético tem dois componentes: DNA e proteína? Qual o papel que cada um desempenha?
8. Defina, para um gene bacteriano: promotor, operador, repressor, indutor.
9. Como funcionam a regulação negativa e a regulação positiva da transcrição em procariotos?
10. Que proteínas são codificadas no operon *lac* de *E.coli*? Mostre como funcionam os dois tipos de regulação desse operon e explique o que acontece em presença ou na ausência de glicose e/ou de lactose.
11. Qual a reação catalisada pela β-galactosidase?
12. Por que geralmente se usa IPTG (isopropil-β-D-tiogalactosídeo), em lugar de lactose, como indutor desse operon?
13. O que é X-gal e qual sua utilidade?
14. Quais as proteínas codificadas no operon *trp* de *E.coli*? Como é regulado esse operon?
15. Quais as estruturas das famílias de proteínas que se ligam ao DNA?
16. Que vantagem existe na formação de heterodímeros dessas proteínas?
17. Descreva resumidamente a estrutura de cada família de proteínas que se ligam ao DNA.
18. Como funcionam os receptores de hormônios esteroides? Em que se diferenciam dos receptores de citocinas?
19. O que são *enhancers* e *silencers*?
20. O que são coativadores e correpressores? O que se entende por mediador?
21. Qual o papel da organização da cromatina na transcrição de genes?
22. O que acontece no remodelamento da cromatina?
23. O que é *imprinting* do DNA?
24. Qual a relação entre modificação de histonas e expressão gênica?
25. Qual a relação entre o grau de condensação da cromatina (heterocromatina) e a expressão gênica?

26. Como é inativado um cromossomo X nas células diploides femininas?
27. Que outros mecanismos existem para controlar a expressão gênica?
28. Seu orientador pediu que você determinasse, por qPCR, o grau de expressão do gene X em células mantidas em meio de cultura com e sem soro fetal bovino. Usando a expressão de beta-actina como referência, você verificou que, em presença de soro, a expressão do seu gene de interesse foi cinco vezes maior do que em ausência de soro. Você pode garantir que a quantidade de proteína X será também cinco vezes maior na presença de soro fetal bovino? Justifique sua resposta. Que experimentos você faria para confirmar sua afirmação (na verdade, sua hipótese)?

CITOESQUELETO, SUPERFÍCIE CELULAR E ADESÃO CÉLULA-CÉLULA E CÉLULA-MATRIZ

CASO CLÍNICO

Um homem de 59 anos de idade procurou o serviço de saúde com queixa de dispneia quando fazia esforço e catarro. Ele sofreu de sinusite desde a infância. Uma tomografia revelou bronquiecstasia (alargamento e distorção dos brônquios). O paciente foi submetido a broncoscopia com biópsia, e exame à microscopia eletrônica da biópsia mostrou defeitos no braço interno da dineína na maioria dos cílios. O diagnóstico foi discinesia ciliar primária ou síndrome dos cílios imóveis (ou, ainda, síndrome de Kartagener, quando há inversão na localização dos órgãos).

PERGUNTAS

1. O que é dineína?
2. Descreva a estrutura dos cílios e flagelos. Compare com a estrutura dos centríolos.
3. Qual dos elementos do citoesqueleto está implicado nessa doença?
4. Quais são os outros elementos importantes do citoesqueleto?
5. Quais as proteínas principais de cada um desses elementos? Quais suas características estruturais básicas?
6. Quais os dois mecanismos pelos quais o citoesqueleto promove e regula o movimento celular?
7. O que são proteínas motoras? Quais são elas e como funcionam?
8. O que significam as expressões "polaridade de microtúbulos" e "polaridade de microfilamentos"?
9. Cite exemplos de processos nos quais a polimerização e a polimerização de elementos do citoesqueleto são importantes, dizendo qual o elemento envolvido.
10. Como funcionam quimioterápicos que interferem no citoesqueleto, como o taxol e a citocalasina?
11. Durante a mitose, ocorre uma grande mudança na forma da célula. Quais os elementos do citoesqueleto envolvidos e qual o papel de cada um?
12. Como o citoesqueleto se liga à superfície celular?
13. O que são moléculas de adesão?
14. Quais são os principais tipos de junções celulares?
15. Dentre as junções de ancoragem, quais são as que ligam filamentos intermediários, e qual sua importância?
16. Qual o papel das caderinas na adesão celular? Explique sua organização na superfície celular e ligação com o citoesqueleto.

MATRIZ EXTRACELULAR

CASOS CLÍNICOS

1. Um menino de três anos de idade, LA, levado por seus pais, esteve no centro de genética para uma avaliação de articulações hipermóveis. LA nasceu de uma gestação a termo, sem complicações, não foi submetido a nenhuma cirurgia, não tem nenhuma condição crônica e não sofreu acidentes. Entretanto, seus pais notaram que ele sempre foi uma criança inquieta, com articulações hipermóveis, o que lhe permitia escapar do assento para bebê do carro, por exemplo. A história familiar revelou que o pai, de 33 anos de idade, também tinha articulações hipermóveis e havia sido diagnosticado com síndrome de Ehlers-Danlos (EDS). Pergunta-se:
    *   O que é a síndrome de Ehlers-Danlos e o que a caracteriza?
    *   Em termos moleculares, qual o erro presente?
    *   Dê exemplos de erros que podem ocorrer nessa doença e como podem ser diagnosticados.

2. Flo Hyman era considerada uma das melhores jogadoras de vôlei dos Estados Unidos durante as décadas de 1970 e 1980. De acordo com seu treinador, sua condição física era excelente. Entretanto, durante um jogo no Japão, a estrela do vôlei teve o que se pensou ser, a princípio, um ataque cardíaco e morreu. Autópsia revelou que ela morreu de dissecção da aorta. Ligando sua *causa mortis* à sua elevada estatura (1,98 m) e estrutura corporal longilínea, os médicos concluíram que Flo tinha síndrome de Marfan. Pergunta-se:
    *   O que é a síndrome de Marfan?
    *   Qual a função do gene afetado?
    *   Qual o maior risco dessa doença?

3. O exame de ultrassom de uma gestante, realizado durante o segundo trimestre da gestação, demonstrou que o feto apresentava membros curtos, múltiplas fraturas nas costelas e hipomineralização do crânio. O bebê foi a óbito logo após o nascimento, em decorrência de insuficiência respiratória. O diagnóstico foi de osteogênese imperfecta tipo II. Pergunta-se:
    *   O que é essa doença e qual a sua causa?
    *   Quais os subtipos conhecidos e quais suas características?
    *   De que depende a gravidade dos sintomas?
    *   Qual a molécula afetada?

4. Um homem de 19 anos de idade procurou o dentista com uma história de três semanas de sangramento gengival. O início do sangramento foi agudo, mas ele notou alguma melhora com o uso de antisséptico bucal.

Relatou perda de apetite e letargia geral durante o mesmo período. Ele não fumava e trabalhava como carpinteiro. Recentemente, havia tomado penicilina, via oral, para tratar amidalite. A margem gengival adjacente aos dentes estava eritematosa, com hemorragia espontânea. Observou-se quantidade moderada de placa. Foi feito um diagnóstico provisório de gengivite marginal crônica com exacerbação aguda, recomendando-se higiene oral e investigação hematológica. Foi pedido exame de sangue completo e dosagem de ferro sérico, ferritina, vitamina B12, ácido ascórbico e folato eritrocitário. Os resultados revelaram nível muito baixo de ácido ascórbico no soro (14 μmol/L, faixa normal 40-120 μmol/L). O paciente recebeu orientação para aumentar o consumo de ácido ascórbico na dieta. Após um mês, a aparência da gengiva era normal. Investigação hematológica mostrou um aumento significativo no nível de ácido ascórbico (56 μmol/L). A resposta ao tratamento com ácido ascórbico confirmou o diagnóstico de escorbuto. As lesões orais frequentemente precedem as outras manifestações clínicas da doença. A resposta rápida à suplementação com ácido ascórbico, como aconteceu nesse caso, é forte indicador de que o diagnóstico estava correto. Pergunta-se:

- Por que a deficiência de ácido ascórbico causa esses sintomas clínicos?
- Qual a enzima afetada e por quê?
- Em que compartimento celular essa enzima se localiza?
- Qual a molécula de matriz extracelular afetada e por quê?

5. Um senhor de 71 anos de idade procurou o médico com queixa de rigidez no quadril e desconforto do quadril aos joelhos. O problema começou a surgir havia sete anos, mas tinha piorado muito nos últimos seis meses. Para se levantar de uma cadeira, ele precisava jogar o peso do corpo para frente e ajudar com os braços. Tinha fortes dores no quadril após caminhar pequenas distâncias, e melhorava quando se mantinha deitado ou sentado. Fora isso, apresentava boa saúde. Não apresentava parestesia nem falta de sensibilidade nas extremidades, e não tinha incontinência urinária ou fecal. Não havia história recente de febre, perda de peso ou de apetite. Não tinha nenhuma queixa em relação aos membros superiores. Não apresentava inchaço nem vermelhidão de articulações e não relatava nenhuma coceira. Imagem de raios-X do quadril mostrou grave osteoartrite, evidenciada pela perda do espaço articular bilateral, esclerose e formação de osso hipertrófico tanto na cabeça do fêmur como no acetábulo. Sem dúvida, a osteoartrite do quadril era responsável pela dor e pela rigidez relatadas. Pergunta-se:

- Por que a composição da matriz extracelular é tão importante na cartilagem?
- Quais os principais componentes macromoleculares da cartilagem hialina?

- Qual a função do colágeno e qual a função do agrecam na matriz da cartilagem?
- Que acontece se o esqueleto proteico do agrecam for quebrado por proteases?

O QUE VOCÊ DEVE CONHECER PARA ENTENDER ESSES CASOS

1. Quais são os principais componentes macromoleculares da matriz extracelular?

COLÁGENO

1. O que é colágeno e quais os tecidos mais ricos em colágeno?
2. Quais as características estruturais dos colágenos fibrilares (tipos I, II e III)?
3. O que são peptídeos de registro e telopeptídeos?
4. Em que compartimentos ocorre a síntese de colágeno?
5. Quais são as etapas da biossíntese dos colágenos fibrilares?
6. Qual a estrutura da hidroxiprolina? E da hidroxilisina? Como esses aminoácidos são incorporados ao colágeno e qual sua importância?
7. Quais são os cofatores das lisil e prolil hidroxilases? Em que compartimento essas enzimas atuam?
8. Como o colágeno é glicosilado e em que compartimento celular?
9. Quais as etapas extracelulares da biossíntese do colágeno?
10. Quais os cofatores da lisil oxidase? Em que compartimento essa enzima atua?
11. Quais as ligações cruzadas que se formam no colágeno?
12. Por que o colágeno menos hidroxilado também tem menos ligações cruzadas?
13. Qual o perigo de se administrar penicilamina, um quelante usado no tratamento de envenenamento por chumbo e por mercúrio, por períodos prolongados a um paciente?
14. Quais as famílias de colágeno?
15. Como o colágeno é degradado e reciclado?

OUTRAS PROTEÍNAS DE MATRIZ

1. O que é fibronectina? Quais suas características estruturais?
2. Como a fibronectina interage com outras proteínas da matriz e com a célula?
3. Qual o principal receptor celular de fibronectina?
4. O que é laminina e quais são suas características estruturais?
5. Onde existe laminina e com que outros componentes da matriz ela interage?
6. O que é fibrilina e qual sua função?

PROTEOGLICANOS DE MATRIZ EXTRACELULAR

1. O que é proteoglicano? O que é glicosaminoglicano?
2. Quais as famílias de proteoglicanos de matriz extracelular? Quais são de lâmina basal e quais são de matriz intersticial?
3. Que são proteoglicanos agregantes e quais os principais representantes dessa família?
4. Qual o principal proteoglicano de matriz de cartilagem e quais suas características estruturais? Como essas características se relacionam com a função desempenhada por esse proteoglicano no tecido?
5. O que é versicam e qual a relação entre esse proteoglicano e o ácido hialurônico?
6. Por que os proteoglicanos de matriz de baixo peso molecular são chamados de proteínas ricas em leucina?
7. Por que alguns deles são chamados de proteoglicanos fibrilares?

DOENÇAS
OSTEOGENESIS IMPERFECTA

Osteogenesis imperfecta (OI) é um grupo de, pelo menos, quatro doenças clínica, genética e bioquimicamente distintas, que se caracterizam por fraturas múltiplas e consequentes deformidades ósseas. Estima-se que ocorra em um a cada 20.000-60.000 nascidos vivos, afetando homens e mulheres de todas as raças. As diversas variantes resultam de mutações em um dos genes que codificam o colágeno tipo I, sendo as mais comuns as que produzem cadeias α(I) modificadas. No exemplo mais claro, uma mutação por deleção causa a ausência de 84 aminoácidos na cadeia α1(I). Cadeias α1(I) mais curtas são sintetizadas porque a mutação deixa a estrutura de leitura em registro. As cadeias α1(I) curtas associam-se com cadeias α1(I) e α2(I) normais, impedindo assim a formação das triplas hélices normais de colágeno, resultando na degradação de todas as cadeias, um fenômeno chamado "suicídio da proteína". Três quartos de todas as moléculas de colágeno formadas têm, pelo menos, uma cadeia α1(I) curta (defectiva), uma amplificação do efeito de um defeito genético heterozigótico. Outras formas de OI resultam de mutação pontual que substitui uma das glicinas por outro aminoácido. Como a glicina tem de se encaixar no interior da tripla hélice do colágeno, essas substituições desestabilizam a hélice. Os sintomas de OI incluem os seguintes:

Tipo I
Mais comum
Os ossos sofrem fraturas facilmente
Os casos podem ser facilmente detectados nas genealogias
Estatura quase normal
Esclera azul
Problemas dentários
Perda de audição aos 20-30 anos

A maioria das fraturas ocorre antes da puberdade e, em mulheres, após a menopausa
Face triangular
Tendência a curvaturas na coluna

Tipo II
Recém-nascidos severamente afetados
Frequentemente letal no período perinatal
Geralmente resulta de mutação nova
Estatura muito pequena com peito pequeno e pulmões pouco desenvolvidos

Tipo III
Tendência a ser incidentes familiares isolados
Estatura muito pequena
Fraturas ao nascimento são muito comuns
Fraturas intrauterinas comuns
Perda de audição precoce
Articulações fracas e desenvolvimento muscular deficitários nos braços e nas pernas
Costelas em barril

Tipo IV
Os casos podem ser facilmente detectados nas genealogias
Fratura fácil dos ossos, principalmente antes da puberdade
Esclera normal ou quase normal
Mais problemas com dentes do que o Tipo I
Curvatura de coluna
Articulações frágeis

Não existe cura para OI. O objetivo do tratamento é evitar deformidades e fraturas e permitir à criança ser o mais independente possível. Esse tratamento é voltado para evitar ou corrigir os sintomas, e inclui: tratamento das fraturas, cirurgias, procedimentos dentários, terapias físicas, uso de equipamentos de apoio como cadeiras de rodas e muletas[1].

---

1 BARSH, G. S., ROUSH, C. L., BONADIO, J., BYERS, P. H. E GELINAS, R. E. Intron mediated recombination causes an α(I) collagen deletion in a lethal form of osteogenesis imperfecta. *Proc. Natl. Acad. Sci.*, USA v. 82, p. 2870, 1985.

ESCORBUTO E SÍNTESE DE HIDROXIPROLINA

A maioria dos animais, mas não o homem, pode sintetizar ácido ascórbico (vitamina C). O escorbuto é uma doença causada pela deficiência de ácido ascórbico ou vitamina C na dieta, sendo conhecida desde o tempo das cruzadas. Com as grandes navegações dos séculos XVI a XVIII, o escorbuto tornou-se a doença clássica dos marinheiros que passavam longos períodos em alto mar sem ingerir frutas ou verduras frescas. Em 1747, Lind, um médico da marinha inglesa, fez um estudo dando, a diferentes grupos de marinheiros, alimentos diferentes, visando tratar o escorbuto: um grupo recebia mostarda, outro cidra, outro vinagre, outro laranjas e limões e outro água do mar. No fim, verificou que o grupo alimentado com limões e laranjas recuperava-se rapidamente da doença. Com isso, a marinha inglesa introduziu na ração de seus marinheiros o suco de limão. Só em 1936 o ácido ascórbico foi isolado e identificado. Entre outros problemas, a deficiência de ácido ascórbico causa síntese diminuída de hidroxiprolina, porque a prolil hidroxilase requer ácido ascórbico. A hidroxiprolina fornece átomos para pontes de hidrogênio, que estabilizam a tripla hélice do colágeno. O colágeno contendo hidroxiprolinas insuficientes perde estabilidade térmica e fica significativamente menos estável que o colágeno normal à temperatura corporal. O colágeno sintetizado por uma pessoa com escorbuto tem menos ligações cruzadas que o normal. As manifestações clínicas resultantes são distintas e compreensíveis: a supressão do processo de crescimento ordenado de ossos em crianças, cicatrização deficiente e fragilidade capilar aumentada, que resulta em hemorragias, particularmente na pele. A deficiência severa de ácido ascórbico leva, secundariamente, a uma taxa reduzida de síntese de pró-colágeno[2].

SÍNDROME DE EHLERS-DANLOS E SÍNDROME DE MARFAN

A síndrome de Ehlers-Danlos e a síndrome de Marfan são duas das doenças mais comuns do tecido conjuntivo. A síndrome de Ehlers-Danlos (EDS) é classificada em seis subgrupos clínica, genética e bioquimicamente distintos, mas que compartilham muitas manifestações clínicas entre si e com a síndrome de Marfan. Os problemas comuns são fragilidade e hiperextensibilidade da pele e hipermotilidade das articulações, mas complicações vasculares que oferecem risco de vida podem aparecer em ambas as síndromes. Na EDS, a fragilidade resulta de defeitos na estrutura do colágeno, e na síndrome de Marfan, de mutação no gene da fibrilina 1, que desempenha papel importante na formação e na estabilidade das fibras elásticas. As síndromes de EDS e de Marfan afetam homens e mulheres de todos os grupos raciais, com uma frequência de 1/5.000-10.000 cada.

---

2 PETEROFSKY, B. Ascorbate requirement for hydroxylation and secretion of pro-collagen: relationship to inhibition of collagen synthesis in scurvy. *Am. J. Clin. Med.*, v. 54, p. 1135S, 1991.

SÍNDROME DE EHLERS-DANLOS TIPO IV

A síndrome de Ehlers-Danlos tipo IV é causada por defeitos no colágeno tipo III, que é particularmente importante na pele, nas artérias e em órgãos ocos. As características incluem pele fina, translúcida, através da qual as veias podem ser vistas, muitos ferimentos e, às vezes, aparência de envelhecimento nas mãos e na pele. Os problemas clínicos surgem de ruptura arterial, perfuração intestinal e ruptura do útero durante a gravidez ou o parto. O reparo cirúrgico é difícil, em virtude da fragilidade do tecido. Os defeitos básicos no Ehlers-Danlos tipo IV parecem ser devidos a modificações na estrutura primária das cadeias tipo III. Estes surgem de mutações pontuais que resultam na substituição de resíduos de glicina e, portanto, na quebra da tripla hélice do colágeno, e de remoção de éxons, o que encurta o polipeptídeo e pode resultar em pouca eficiência de secreção e estabilidade térmica diminuída do colágeno, bem como em formação de fibrilas de colágeno tipo III anormais. Em alguns casos, o colágeno tipo III se acumula no ER rugoso, e é degradado muito lentamente[3].

SÍNDROME DE EHLERS-DANLOS TIPO VI

Na síndrome de Ehlers-Danlos tipo VI, a lisil hidroxilase está deficiente. Como resultado, os colágenos tipo I e III da pele são sintetizados com conteúdo de hidroxilisina diminuída e, subsequentemente, a ligação cruzada das fibrilas de colágeno é menos estável. Ocorrem algumas ligações cruzadas entre lisina e alisina, mas não são tão estáveis e não amadurecem tão bem como as ligações cruzadas contendo hidroxilisina. Além disso, carboidratos são adicionados a resíduos de hidroxilisina, mas a função desses carboidratos é desconhecida. As características clínicas incluem marcante hiperextensibilidade da pele e das articulações, cicatrização deficiente e deformidades músculo-esqueléticas. Alguns pacientes com essa forma de síndrome de Ehlers-Danlos apresentam uma forma mutada da lisil hidroxilase, com uma constante de Michaelis mais aumentada para o ácido ascórbico do que a enzima normal. Consequentemente, respondem a altas doses de ácido ascórbico[4].

SÍNDROME DE EHLERS-DANLOS TIPO VII

Na síndrome de Ehlers-Danlos tipo VII, a pele sofre lesões facilmente e é hiperextensível, mas as principais manifestações são deslocamentos de grandes articulações, como quadris e joelhos. A flacidez de ligamentos é causada pela remoção incompleta de pró-peptídeos amino-terminais das cadeias de pró-colágeno. Um variante da doença resulta da deficiência de pró-colágeno N-protease. Uma deficiência semelhante ocorre na doença

3 SUPERTI-FURGA, A., GUGLER, E., GITZELMANN, R. E STEINMANN, B. Ehlers-Danlos syndrome type IV: a multi-exon delection in one of the two COL3A1 alleles affecting structure, stability, and processing of type III procollagen. *J. Biol. Chem.*, v. 263, p. 6226, 1988.
4 PINNELL, S. R., KRANE, S. M., KENZORA, J. E. E GLIMCHER, M. J. A heritable disorder of connective tissue: hydrozylysine-deficient collagen disease. *N. Engl. J. Med.*, v. 286, p. 1013, 1972.

autossômica recessiva chamada dermatoparaxis, de gado bovino, carneiros e gatos, na qual a fragilidade da pele é tão extrema que chega a ser letal. Em outras variantes, as cadeias proα1(I) e proα2(I) não têm os aminoácidos do ponto de clivagem, em decorrência da remoção de um éxon dos genes. Isso impede a clivagem normal pela pró-colágeno N-protease[5].

SÍNDROME DE EHLERS-DANLOS TIPO IX E SÍNDROME DE MENKE

Na síndrome de Ehlers-Danlos tipo IX e na síndrome de Menke (cabelo encarapinhado), acredita-se que haja uma deficiência na atividade da lisil oxidase. Na síndrome de Ehlers-Danlos tipo IX há defeitos consequentes nas ligações cruzadas, manifestados em pele flácida e mole e no aparecimento, durante a adolescência, de chifres ósseos occipitais. Animais deficientes em cobre têm ligações cruzadas deficientes em elastina e colágeno, aparentemente em virtude da necessidade de íons cobre para a lisil oxidase. Na síndrome de Menke há um defeito no transporte intracelular de cobre, que resulta em baixa atividade da lisil oxidase, e na síndrome do chifre occipital também há um defeito na distribuição intracelular de cobre. Uma mulher que estava tomando altas doses de uma droga quelante de cobre, a d-penicilamina, deu à luz uma criança com síndrome tipo--Ehlers-Danlos adquirida que, subsequentemente, desapareceu. Efeitos colaterais da terapia por d-penicilamina incluem cicatrização deficiente e pele hiperextensível[6].

OSTEOARTRITE

A osteoartrite é uma doença crônica das articulações, causada por degeneração da camada protetora de cartilagem que recobre a superfície óssea nas articulações. Esse processo degenerativo e o processo inflamatório resultante podem estar associados e alterações no osso abaixo da cartilagem, levando a um crescimento ósseo anormal. A degeneração das articulações é parte do processo de envelhecimento. Consequentemente, a ocorrência de osteoartrite aumenta com a idade, embora trauma também possa levar a osteoartrite. A osteoartrite é também chamada de doença articular degenerativa ou artrose degenerativa, e é o tipo mais comum de artrite, especialmente em idosos. Pessoas com osteoartrite geralmente têm dores articulares e limitação de movimento. Ao contrário de algumas outras formas de artrite, a osteoartrite afeta exclusivamente as articulações, e não outros órgãos internos.

5 COLE, W. G., CHAN, W., CHAMBERS, G. W., WALKER, I. D. e BATEMAN, J. F. Deletion of 24 amino acids from the proα1(I) chain of type I procollagen in a patient with the Ehlers-Danlos syndrome type VII. *J. Biol. Chem.*, v. 261, p. 5496, 1986.
6 PELTONEN, L., KUIVANIEMI, H., PALOTIE, H., HORN, N., KAITILA, I E KIVIRIKKO, K. I. Alterations of copper and collagen metabolism in the Menke's syndrome and a new subtype of Ehlers-Danlos syndrome. *Biochemistry*, v. 22, p. 6156, 1983. Para uma visão detalhada das doenças de colágeno ver: BYERS, P. H. Disorders of collagen biosynthesis and structure. In: SCRIVER, C. R. SCRIVER, A. L. BEAUDET, W. S. SLY e D. VALLE (Eds.). *The molecular and metabolic basis of inherited disease*. 8. ed. New York: McGraw-Hill, 2001. p. 5241.

José Olavo de Freitas Junior

CASOS
BIOQUÍMICOS

DIETA HIPOCALÓRICA

"A coitada da Maricota,
era muito gordinha;
sempre alvo de chacota,
por gostar de empadinha.
Amando fez juramento,
decidiu emagrecer.
Firme neste pensamento,
parou então de comer.
Só de água e vitamina,
vivia a pobre menina.
Achando o regime ideal,
acabou indo pro hospital!"

Maricota pesa 76 Kg, tem 1,60 cm, cintura 88 cm e quadril 96 cm. Para manter o peso, suas necessidades calóricas são de 2.500 kcal/dia. Sua alimentação diária varia em torno da dieta a seguir:

Café da manhã:

Achocolatado (250 ml)	174 kcal
Pão francês (50 g)	198 kcal
Manteiga (5 g)	45 kcal

Almoço na lanchonete:

Quarteirão	558 kcal
Porção pequena de fritas	206 kcal
Suco de laranja (300 ml)	164 kcal
Salada de frutas	80 kcal
Café com aspartame	3 kcal

Lanche da tarde:

Café com sacarina	3 kcal
Biscoitos *waffle* (3)	150 kcal

Jantar em casa:

Arroz (75 g)	256 kcal
Feijão (125 g)	95 kcal
Bifinho (80 g)	257 kcal
Seleta de legumes (130 g)	76 kcal
Maionese (2 colheres de sopa)	56 kcal

Ela bebe 1,5 l de água por dia, além de ingerir um número variado de empadinhas, em um total de 400 kcal.

DISCUSSÃO

1. Obesidade, síndrome X, relação entre peso e altura e as medidas da cintura e quadril.
2. Qual a causa principal da obesidade, o que se acumula e em que local, em obesos e obesas? A distribuição corporal dessa substância não é igual no homem e na mulher.
3. Organize uma dieta para que a Maricota perca cerca de 1,0 Kg por semana. Como são medidos o peso e a massa corpórea? Peso e massa molecular são sinônimos?
4. Você acha que uma dieta de 2.000 kcal/dia seria recomendável? Justifique-se.
5. Seria recomendável informar à Maricota a ingesta, em gramas, de proteínas, hidratos de carbono e lipídeos? Faça os cálculos para seu prato predileto.
6. O álcool etílico e a dieta: uma caipirinha equivale a 250 kcal e uma tulipa de chopp equivale a 120 kcal. Caso a Maricota beba uma de cada, acompanhadas de empadinhas, quanto tempo de corrida seria recomendável para perder todas essas kcal alcoólicas ingeridas? Relacione exercício físico e emagrecimento.
7. Seria recomendável uma dieta estritamente proteica? Comente sobre os aminoácidos essenciais e o valor biológico das proteínas.
8. Qual o tipo de cálculo que deve ser feito para alterar progressivamente a dieta, durante um intervalo de tempo?

QUESTÃO EXTRA

O que você pensa sobre as dietas chamadas "da moda", tais como a dieta dos pontos, a dieta da lua, a dieta dos carboidratos, entre tantas outras?

DOENÇA DE WILSON

A síndrome hepatolenticular, doença de Wilson, deve o seu nome ao médico inglês Samuel Alexander Kinnier Wilson (1877-1937) que, em 1912, publicou o artigo "Doença Lenticular Progressiva: uma doença nervosa hereditária associada com a cirrose hepática". Trata-se de um envenenamento crônico pelo Cu^{2+}, entre a ingestão e a excreção, e seu armazenamento hepático. É um processo lento e inexorável, que se desenvolve por muitos anos – dos 3 aos 30 anos – e causa uma grande variedade de sinais. Os olhos também atraem o Cu^{2+}, formando um anel característico, descrito pelos médicos Bernard Keyser e Bruno Fleischer, de pigmentação esverdeada ou dourada em torno da córnea, causado pela deposição do cobre na membrana de Descemet.

Os principais exames laboratoriais usados para investigar as doenças do metabolismo do cobre são as dosagens de cobre sérico, ceruloplasmina e cobre urinário.

DISCUSSÃO

1. Explicação do efeito tóxico do cobre nas vias metabólicas.
2. Cite algumas enzimas importantes que necessitam do cobre como cofator e qual o seu papel nas vias metabólicas.
3. Papel da albumina e da ceruloplasmina no transporte do cobre.
4. Cite as causas da formação do anel de Keyser-Fleischer.
5. Inicialmente, o tratamento era feito com BAL e K_2S. Esses tratamentos foram abandonados?
6. Comente os fundamentos bioquímicos, as especificidades e os riscos do uso da penicilamina. O anel β lactâmico.
7. Relação química entre penicilamina e penicilina.
8. Função proposta do cobre ceruloplasmina como receptor de prótons (H^+) do ferro ferroso celular.

QUESTÃO EXTRA

Mencione as principais frações proteicas do plasma e explique como podem ser separadas. Qual é a diferença entre plasma e soro?

ANEMIA FALCIFORME, UMA DOENÇA MOLECULAR

Há 60 anos, em novembro de 1949, Linus Pauling (1901-1994) et al. publicaram na revista *Science*, v. 110, p. 543 (1949) um artigo com o título "Anemia falciforme, uma doença molecular". Nesse artigo, eles mostraram que a hemoglobina de pacientes sofrendo de drepanocitose tinham uma hemoglobina com carga elétrica diferente da encontrada em indivíduos saudáveis.

O artigo foi muito importante por dois motivos: primeiro, mostrou que uma doença pode ser causada por um defeito na estrutura de uma proteína, sugerindo que muitas doenças poderiam ser explicadas deste modo; segundo, como se sabia que a doença é hereditária, então os genes determinariam precisamente as proteínas.

Atualmente, pode parecer óbvio, mas na ocasião não era. Linus Pauling tinha trabalhado durante a Segunda Guerra Mundial na pesquisa de substitutos para o sangue e queria aplicar seus conhecimentos em tempo de paz. Conhecendo o fato da anemia falciforme ser encontrada principalmente em negros americanos, ele ofereceu o assunto como tema para tese de doutorado de Harvey Itano, seu orientado. Após infrutíferas tentativas, eles descobriram as diferentes hemoglobinas, usando uma técnica muito nova na época: a eletroforese, desenvolvida por Arno Tiselius, separando a HbA normal da HbS (sickle). Todavia, não foram capazes de descobrir a razão dessa diferença de migração no campo elétrico. A resposta só apareceu em 1957, quando Vernon Ingram, usando uma técnica por ele desenvolvida, descobriu que a diferença era ocasionada pela troca de um aminoácido com carga por outro sem carga.

DISCUSSÃO

1. Estrutura de HbA e HbS.
2. Como foi determinada experimentalmente a diferença entre as duas formas de hemoglobina?
3. Explicar as consequências da substituição de um aminoácido por outro, na estrutura proteica.
4. Ocorrem outras hemoglobinopatias ocasionadas por substituição dos aminoácidos? Exemplificar.
5. Antes da metodologia desenvolvida por L. Pauling, como eram identificados esses pacientes?
6. Evolutivamente, havia alguma vantagem aos portadores de HbS?
7. Existe algum tratamento para auxiliar esses pacientes? Qual é a frequência genética?
8. Como funciona a eletroforese, quais os tipos de eletroforese disponíveis e qual é a aplicação?

CICLO DOS ÁCIDOS TRICARBOXÍLICOS

Apesar de Hans Krebs ter ajudado na fase experimental da descoberta do ciclo do ácido tricarboxílico, a maioria dos dados obtidos experimentalmente foram coletados pelo seu doutorando Willian Arthur Johnson, que defendeu sua tese em 1938, na Universidade de Sheffield. Parte importante do trabalho foi feito anteriormente por Albert Szent-Györgyi, que, usando homogenato de músculo peitoral do pombo, descobriu o comportamento metabólico dos C4-ácidos dicarboxílicos. Ele descobriu que a adição de succinato, fumarato e malato ao homogenato levava à aceleração catalítica da respiração. Pequenas quantidades dos sais levavam rapidamente a completa oxidação dos substratos. Assim ele interpretou que os H do substrato eram transferidos para o oxaloacetato e daí para o O_2. Szent-Györgyi estava convencido de que esses compostos eram catalizadores carregadores de H dos alimentos para o O_2. Na verdade ele não estava interessado no metabolismo, mas sim no transporte de H. Tanto é que suas ideias não podiam explicar como o malonato atuava como um inibidor específico e em baixas quantidades de respiração celular.

DISCUSSÃO

1. Identificação dos intermediários do ciclo de Krebs.
2. Discutir as reações anapleróticas e catapleróticas do ciclo.
3. Que compostos se acumulam no ciclo envenenado pelo malonato?
4. Discutir que tipo de inibição enzimática ocorre.
5. Quais os principais produtos das reações do ciclo do ácido cítrico e qual é o seu destino?
6. Como e onde ocorre a associação entre o ciclo de Krebs e a cadeia respiratória?
7. O ciclo de Krebs produz GTP, e a fosforilação oxidativa, ATP. O que há em comum e diferente entre eles?
8. De que maneiras os envenenamentos dessas vias são possíveis?

QUESTÃO EXTRA

Você sabe como foram atribuídos nomes aos ácidos dicarboxílicos succínico, fumárico, málico e malônico?

SOBRE O METABOLISMO DE GLICOSE

Desde os tempos primordiais o homem preparava sua alimentação. Assim, ele descobriu que seus alimentos tinham propriedades muito diferentes. Quando ele moía (com pedras) grãos de arroz e trigo, entre outros cereais, obtinha um pó branco e insípido que servia para fazer bolos (etimologia da palavra amido pelo latim). Existiam também muitas substâncias adocicadas (deixem de lado o acetato de chumbo), obtidas de frutas e do mel de abelha. A partir desta matéria-prima extraiu-se o açúcar (do sânscrito areia grossa). Sua provável origem é de 400 aC na Índia, a partir de cana. Daí foi parar em Roma como *saccharum*, derivado do seu nome hindu. Só no século XIX é que se descobriu que havia mais de um tipo de açúcar. Foi em 1802 que Joseph Louis Proust, o mesmo que descobriu a lei das proporções constantes, purificou o açúcar da uva, branco, cristalino, solúvel em H_2O e doce. Mas não tão doce como o açúcar de cana. Para diferenciá-lo falou-se em açúcar de uva para não confundir com açúcar de cana. Proust isolou do mel outro açúcar, mais doce ainda, que chamou de açúcar dos frutos. Hoje em dia, falamos em sacarose para o açúcar da cana; glicose para o da uva e frutose para o do mel. A terminação "ose" para os açúcares foi dado por Anselm Payen (1833) quando ele descobriu e batizou a celulose dos vegetais e também o sufixo "ase" para enzimas.

DISCUSSÃO

1. Como a glicose é metabolizada na glicólise. O reagente inicial e o produto final. O O_2 é usado nesta via?
2. Comentar os cinco possíveis destinos do piruvato.
3. Comentar as isoformas hexoquinase e glicoquinase e sua regulação.
4. Explicar a via piruvato → acetilCoA (piruvato desidrogenase), o papel das coenzimas envolvidas e o papel da piruvato descarboxilase.
5. A interconversão dos oses: glicose, frutose e galactose. As preferências teciduais por estes monossacarídeos.
6. Comentários sobre a lactato desidrogenase.
7. A via das pentoses.
8. Oxaloacetato não pode ser transportado através da membrana mitocondrial. Esse fenômeno é energeticamente vantajoso para a célula? O que são lançadeiras?

QUESTÃO EXTRA

Causou espanto aos cientistas o excesso de 2,3-bisfosfoglicerato encontrado nos glóbulos vermelhos. Explique.

PROBLEMAS COM A DIGESTÃO DE LEITE NO HOMEM (MAMÍFEROS)

A lactose é transformada enzimaticamente pela lactase intestinal em galactose e glicose. Sendo a lactase uma enzima, ela surge a partir de 6ª – 8ª semana fetal e evolui até o nascimento. Sua quantidade é alta ao nascer, mas depois diminui, a partir do final da 1ª infância (5-7 anos). Na população do norte europeu esse fato não ocorre e o mesmo acontece com tribos nômades do deserto do Saara. As pessoas que apresentam uma diminuição acentuada da lactase (hipolactasia adulta) não podem digerir a lactose (como é comum aos orientais) e desenvolvem forte intolerância ao leite e seus derivados com sinais e sintomas bem característicos. Outra situação pode decorrer de infecções intestinais, nas quais uma diarreia acentuada pode levar à perda da lactase e é necessário algum tempo para sua reposição. Isto é comum em crianças de muito poucos meses de idade. Essas pessoas não podem ingerir leite e seus derivados, como manteiga, queijo e creme chantilly, mas podem ingerir iogurte. Por quê?

DISCUSSÃO

1. Comparar a composição do leite de alguns mamíferos.
2. Os dissacarídeos da dieta e sua procedência.
3. Processos digestivos desses dissacarídeos.
4. O que acontece se a lactose não for digerida no intestino?
5. Interconversão glicose→galactose. Defeitos genéticos possíveis.
6. A mulher intolerante à lactose, se tiver descendentes, poderá amamentá-los com seu próprio leite?
7. No caso de uma gastroenterite infantil, como serão digeridos os carboidratos?
8. Como funcionam os transportadores de monossacarídeos nos enterócitos?

METABOLISMO DO GLICOGÊNIO

A história da química do glicogênio é antiga e controversa. Em 1877 Joseph von Mering publicou um trabalho no qual afirmava que a ingestão de glicose, sacarose, lactose, frutose, glicerol e proteínas como a clara do ovo e a caseína do leite levava à deposição do glicogênio no fígado. Já em 1891 Carl Voit sugeriu, de acordo com uma teoria da época, que o glicogênio vem da perda de H_2O dos carboidratos da dieta, ou seja, a partir da glicose presente ou fabricada pelo tubo digestivo. Mas, por outro lado, o glicogênio poderia ter origem na quebra de proteínas e o único papel do açúcar da dieta era o de ser oxidado para evitar o consumo do glicogênio do fígado.

O assunto só foi resolvido com o trabalho de Carl e Gerty Cori, que, em 1929, esclareceram a questão: a formação do glicogênio hepático a partir do ácido láctico estabelece uma importante ligação entre o metabolismo do músculo e o do fígado. O glicogênio do fígado se transforma em açúcar do sangue, que, por sua vez, se transforma em glicogênio do músculo. Então, existe um ciclo, como o mostrado a seguir:

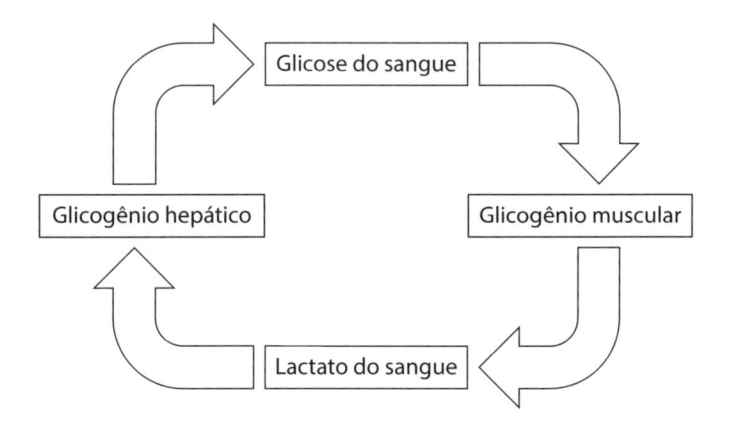

Daí, então, pode-se contar a seguinte historinha:

Joãozinho Fortão é um halterofilista amador que acha que precisa ter muitos músculos para agradar as meninas. Passa todo o tempo disponível da universidade no salão de esportes. Seus amigos eram contrários ao uso regular que ele fazia de esteroides anabólicos e insulina, para aumentar sua massa muscular. Certo dia, se deu mal. Foi encontrado caído perto da esteira onde se exercitava com movimentos e tremores involuntários. Espumava pela boca e tinha perdido o controle de seus esfíncteres. O laboratório do hospital para onde foi levado informou que seu nível de glicose sanguíneo era extremamente baixo. Iniciou-se imediatamente a infusão de glicose.

DISCUSSÃO

1. Estrutura do glicogênio hepático e muscular. Reservas e uso. Quais são os outros tecidos que armazenam glicogênio?
2. Biossíntese e degradação do glicogênio. Enzimas envolvidas. Fosforólise e hidrólise.
3. Regulação do metabolismo do glicogênio hepático. Hormônios envolvidos.
4. Defeitos metabólicos conhecidos no metabolismo do glicogênio.
5. Regulação de síntese e degradação do glicogênio no músculo esquelético. Ciclo de Cori-Cori.
6. Alimentação parenteral na hipoglicemia e desnutrição prolongada: vantagens e desvantagens. Em um diabético, pode-se substituir a glicose por frutose?
7. Glóbulo vermelho não possui mitocôndrias. Além de lactato ele produz CO_2?
8. Qual a via metabólica que produz $NADPH^+H^+$ para as reações redutoras dos seres vivos?

QUESTÃO EXTRA

A regulação da enzima bifuncional fosfofrutoquinase I. Qual a função da frutose 2,6-bisfosfato?

COLESTEROL E SAIS BILIARES

Qualquer zoólogo dirá que o animal que mais mata os humanos é a serpente venenosa. Recentemente vem-se culpando a galinha. É em virtude da quantidade de colesterol (250 mg) encontrada no ovo. Ele se infiltra em doces, molhos, sorvetes, pães e em tudo que é bom! Até nas bebidas: milk-shake e chocolate quente. Desde os antigos egípcios (como foi observado em múmias) até hoje, muitas pessoas (trilhões) morrem de aterosclerose. Nikolai Anichkow, em 1920 aristocrata e médico russo, em suas pesquisas, descobriu que coelhos alimentados com leite e ovos, em poucas semanas, desenvolviam aortas com placas ateroscleróticas. Se ele tivesse escolhido ratos como animais de pesquisa nunca teria feito a descoberta. Eles não desenvolvem hipercolesterolemia nem aterosclerose por mais colesterol que ingiram. Seus estudos com coelhos (herbívoros comendo ovos) o levaram a fornecer rações muito ricas em colesterol. Assim, ele associou o colesterol e a arteriosclerose.

DISCUSSÃO

1. Etapas de biossíntese do colesterol. Regulação da via.
2. Destinos do colesterol.
3. Síntese e conjugação dos sais biliares (poderia falar em ácidos biliares?)
4. Função dos sais biliares.
5. Solubilidade do colesterol e triacilglicerídeos na bile humana.
6. Quilomícron e VLDL: nascente, maduro e remanescente.
7. Bioquímica também é cultura:
   a. Quilomícron e quilograma têm a mesma etimologia ?
   b. Qual o significado dos prefixos das unidades de medida: tera, giga, mega, nano, pico, fento e atto.
   c. O que são fitosteróis?
8. LDL e HDL: origem, função e transporte reverso do colesterol.
9. Receptores de lipoproteínas: funções e defeitos (lipoproteinemia).

QUESTÃO EXTRA

É perigosa para a saúde a ingestão de omeletes, quindim ou suspiros?

ANGINA PECTORIS

Edward Jenner nasceu em 1749 em Gloucestershire. Suas contribuições científicas foram imensas. Ele foi eleito membro do Royal Society por uma contribuição menor: a história natural do pássaro cuco. Médico rural descobriu que as ordenhadeiras nunca contraíam varíola. Eram protegidas pelo vírus do úbere das vacas vacinia (vacum). Foi o criador da vacinação, em 1798. Outro campo do seu interesse foi uma moléstia grave que foi descrita por Willian Herberden em 1772. Jenner a denominou *angina pectoris*, que era mortal e causava forte dor no peito. Ele escreveu uma carta a seu amigo Caleb Parry contando que, ao fazer uma necropsia de angina, "seu bisturi bateu em uma coisa tão dura que, nele, fez um dente; pensei que fosse uma pedra caída do velho teto; examinando melhor, vi que as coronárias tinham se transformado em canais ósseos". Ele nunca publicou seus resultados porque seu professor John Hunter sofria de angina e ele não queria que o professor soubesse da causa de sua doença. A amizade ocultou importante descoberta científica. Posteriormente Caleb Parry descreveu a doença e a sua história.

DISCUSSÃO

1. Reações que produzem acetil CoA.
2. Quanto ATP é formado a partir de 1 mol de ácido esteárico totalmente oxidado a CO_2 e H_2O. Energia liberada por grama de triacilgliceróis.
3. Uso do ATP pelo miocárdio. Creatina fosfato. Creatinina.
4. Como fica a concentração de ácidos graxos no plasma de uma pessoa que recebe infusão de glicose?
5. Explicar o papel hormonal da mobilização de ácidos graxos do tecido adiposo.
6. Como a glicose e os aminoácidos podem ser transformados em ácidos graxos?
7. Comentar a participação dos hidratos de carbono como fornecedores de compostos redutores para a síntese de ácidos graxos.
8. Transporte de ácidos graxos livres no plasma.

QUESTÃO EXTRA

Como se pode fazer a clarificação de um caldo de carne, isto é, retirar as gotículas de gorduras em suspensão no caldo?

MAIONESE, ÁCIDO GRAXO E CATABOLISMO

A maionese é uma emulsificação na qual a repulsão do óleo e H_2O são vencidas pela presença de um fosfolipídio (lecitina) e pela força da hélice de um liquidificador. Óleo e H_2O não se misturam, mas na presença de moléculas que apresentam partes hidrófobas (ácidos graxos) e hidrofílicas (fosfato e colina, na posição sn-3 do glicerol), as gotículas de óleo se estabilizam em H_2O. Uma comparação interessante é feita com uma bolinha de gude (óleo) revestida por um filme de H_2O que se estabiliza na presença do fosfolipídio achado na gema de ovo. Quanto mais óleo for acrescentado, mais se formam pequenas gotículas, que ocupam toda a solução aquosa disponível, e a maionese torna-se muito viscosa. Pode-se fazer uma quantidade razoável de maionese com uma única gema de ovo, bastando para isso adicionar-se um pequeno volume de H_2O (3 colheres de café) e um grande volume de óleo (1 xícara). Se você ingerir muita maionese com batata e salsicha, terá de fazer a catabolização dos ácidos graxos. Ou armazená-los nos seu tecido adiposo. O molho recebeu este nome por ter sido inventado em Port-Mahón, capital da ilha de Minorca, em 1756.

DISCUSSÃO

1. Função intracelular da carnitina. Precisamos comer carnitina?
2. A β-oxidação de ácidos graxos de cadeia muito longa, longa, média e curta.
3. Regulação da β-oxidação de ácidos graxos.
4. Rotas alternativas da oxidação de ácidos graxos α-oxidação e ω-oxidação.
5. Os ácidos graxos fitânico e pristânico (cadeia ramificada) são comuns nas dietas normais, pois são derivados da clorofila. Como eles são oxidados?
6. Produção e catabolização dos corpos cetônicos nos tecidos.
7. Os aminoácidos podem ser metabolizados como corpos cetônicos. Exemplos.
8. Etapas da síntese de ácidos graxos saturados e insaturados.

QUESTÃO EXTRA

Explicar a diferença entre óleo e gordura. Ponto de fumaça.

PROBLEMAS NUTRICIONAIS ASSOCIADOS AO METABOLISMO DAS PROTEÍNAS

Em 1838, Gerardus Johannes Mulder, que estudava possíveis mecanismos químicos para a fermentação, criou o termo proteína em substituição ao antigo "substâncias albuminioides" para se referir a um radical $C_{40}H_{62}N_{10}O_{12}$. Um século depois, em 1932, Cecily Willians, médica, trabalhando com bebês na África, descreveu uma síndrome conhecida como Kwashiorkor. Essa síndrome ocorre logo após o desmamamento, quando chega o segundo filho, com febre e diarreia. Surge edema nas pernas e nos braços, chegando ao rosto. O bebê assume um aspecto de "cara de lua cheia". A pele se torna áspera e pigmentada, apresentando hemorragia. A Dra. Willians sugeriu que a síndrome era devida à carência proteica na dieta. A deficiência de aminoácidos perturba a síntese proteica, diminui a produção de albumina plasmática e o resultado é o edema.

A criança fica ansiosa, alerta, com rosto triste e envelhecido. É um tipo de inanição.

DISCUSSÃO
1. O metabolismo no início do período de jejum.
2. Causas do aumento de aminoácidos de cadeia ramificada (Leu, Ile, Val) no plasma, no processo de desnutrição proteica.
3. Descreva as vias metabólicas dos aminoácidos de cadeia ramificada. Metilcrotonil.
4. O metabolismo de metionina. S-adenosil metionina (Ado Met). Vitamina B12.
5. Relacione, na inanição, a diminuição alanina plasmática e a neoglicogênese.
6. Relacionar a função do α-cetoglutarato, glutamato e glutamina.
7. O ciclo da glutamina. Glutaminólise. Organelas subcelulares e tecidos nos quais ocorrem.
8. As reações anapleróticas do ciclo de ureia. Quais os órgãos que atuam nesse processo.

QUESTÃO ESPECIAL
Compare as fórmulas da alanina, da serina, da cisteína e da seleno cisteína. Qual foi sua conclusão?

SÍNDROME DE LESCH-NYHAN

A síndrome leva o nome do Dr. Michael Lesch, um segundanista de Medicina em John Hopkins, quando estudava a doença, e do Dr. William L. Nyhan, então professor adjunto de Pediatria. Um menino de quatro anos foi trazido para a sala de emergência do Harriet Lane Home em Baltimore, que é a clínica pediátrica de Johns Hopkins. A emergência era motivada por sangue na urina do menino (hematúria), mas outros sintomas menos prementes eram óbvios: retardamento mental, incapacidade de sentar-se ou andar sem ajuda, braços e pernas que se agitavam incontrolavelmente. E os dedos da mão direita do menino, bem como seu lábio inferior, estavam seriamente mutilados. O defeito está no gene para a hipoxantina-guanina fosforibosil transferase (HGPRT) e está localizado no cromossomo X, mas as mães são portadoras.

Essa síndrome só atinge os meninos. Seus sinais aparecem nos primeiros meses de vida – a cabeça começa a pender, os braços e as pernas começam a agitar-se incontrolavelmente; como acontece com uma vítima da paralisia cerebral, muitas vezes, ocorre o diagnóstico errôneo da síndrome de Lesch-Nyhan. Por volta do terceiro ano de vida, as crianças começam a mutilar-se compulsivamente. Mordem e até amputam seus dedos e mastigam seus lábios. Chegaram a usar os braçais e os raios das cadeiras de roda para destruir sua própria carne e, quando podem, procuraram escaldar-se com água quente. Fazem isso a despeito da dor. O estudo foi feito no restrito grupo de pacientes disponíveis e observou-se que a atividade da enzima é de cerca de 2% do normal nos casos de retardo mental, mas nos casos de automutilação eram menores do que 0,2%. O defeito leva também a excreção de hipoxantina e xantina e cristais de ácido úrico, suficiente para causar dano nas vias urinárias.

DISCUSSÃO

1. Funções dos nucleotídeos. Estrutura das purinas e pirimidinas. Ribose.
2. Formação dos fosforibosil pirofosfato (PRPP) e de desoxiribose.
3. Biossíntese dos nucleotídeos das purinas e a sua regulação.
4. Via de recuperação das bases púricas.
5. Síntese "de novo" das bases pirimídicas e sua regulação. Formação do UMP.
6. Recuperação das bases pirimídicas.
7. Catabolismo das bases púricas. Metilxantinas.
8. Catabolismo das bases pirimídicas.

CURIOSIDADE

Qual o precursor da tetra-hidrobiopterina?

DRÁCULA E VAMPIROS

Existem muitos defeitos genéticos que envolvem a síntese do heme. Todos resultam no acúmulo de porfirina e seus precursores. São conhecidos como porfirias (púrpura). Vários defeitos são bem conhecidos, como a porfiria eritropoiética congênita (deficiência da uroporfirinogênio III sintase), protoporfiria eritropoiética (deficiência de ferroquelatase) e porfiria variegata (falta a protoporfirinogênio oxidase). A consequência é o acúmulo da substância intermediária anterior ao defeito enzimático. A excreção desses compostos confere cor vermelha à urina; sua deposição nos dentes os deixa num tom vermelho-escuro e fluorescente. Algumas substâncias se acumulam na pele, tornando-a muito fotosensível (400 nm), de forma que surgem ulcerações e feridas. O nariz, os dedos e as gengivas podem degenerar e os dentes incisivos ficam proeminentes. Ocorre aumento no crescimento dos pelos finos, que recobrem as faces e as extremidades. Os pacientes procuram a escuridão, daí... surgem as lendas.

DISCUSSÃO

1. Estrutura do heme.
2. Síntese do heme: etapa reguladora. Vitamina B6.
3. Fonte de ferro. Absorção e transporte do ferro.
4. Regulação da síntese do heme.
5. Degradação do heme. Liberação de monóxido de carbono.
6. Conjugação da bilirrubina. Bilirrubina direta e indireta.
7. Porfirias.
8. Falta de enzimas intermediárias.

QUESTÃO EXTRA

É sempre vantajoso para os humanos uma dieta com excesso de ferro? Na farinha de trigo, no Brasil, é obrigatório a adição de ferro (e também de ácido fólico) na ordem de 2,1 mg/50 g de farinha. Isso é bom?